THE AUSTRALIAN
Women's Weekly

BAKING

·悦享生活系列丛书·

DK

烘焙

面包、蛋糕、饼干的烘焙方法

澳大利亚《澳大利亚妇女周刊》 著

龙芳羽　任广旭 译

科学普及出版社

·北 京·

Australian Women's Weekly Baking: Breads, Cakes, Biscuits, And Bakes
Copyright © Dorling Kindersley Limited, 2021
A Penguin Random House Company

著作权合同登记号：01-2022-5979

图书在版编目（CIP）数据

烘焙：面包、蛋糕、饼干的烘焙方法 / 澳大利亚《澳大
利亚妇女周刊》著；龙芳羽，任广旭译 . -- 北京：
科学普及出版社，2023.1
（悦享生活系列丛书）
书名原文：Australian Women's Weekly
Baking: Breads, Cakes, Biscuits, And Bakes
ISBN 978-7-110-10511-5

Ⅰ .①烘… Ⅱ .①澳… ②龙… ③任… Ⅲ .①烘焙—
糕点加工—基本知识　Ⅳ .① TS213.2

中国版本图书馆 CIP 数据核字（2022）第 200618 号

策划编辑　　周少敏　符晓静
责任编辑　　王晓平
封面设计　　中文天地
正文设计　　中文天地
责任校对　　吕传新
责任印制　　徐　飞

科学普及出版社
http://www.cspbooks.com.cn
北京市海淀区中关村南大街 16 号
邮政编码：100081
电话：010-62173865　传真：010-62173081
中国科学技术出版社有限公司发行部发行
广东金宣发包装科技有限公司印刷
开本：787mm×1092mm　1/16
印张：12　字数：160 千字
2023 年 1 月第 1 版　2023 年 1 月第 1 次印刷
ISBN　978-7-110-10511-5 / TS·149
定价：98.00 元

For the curious
www.dk.com

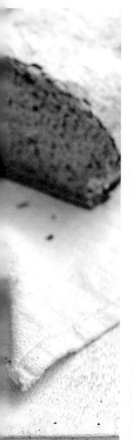

目　录

烘焙要点

无论你的烘焙水平如何,这本书中有关甜味或咸味的食谱几乎可以满足你对烘焙的所有需求。此外,本书还有很多烘焙的提示和技巧,有助于读者掌握烘焙的基础知识,提升烘焙技能。

1. 入门指南

即使是最简单的烘焙,原料与大量的化学反应之间也存在着微妙的平衡关系。要想烘焙成功,就要使用指定的原料,准确称量干性和液态配料,使用一定大小的鸡蛋(60克)。精确称量很重要,建议使用电子天平进行准确测量。用杯子或勺子称量干性配料时,要装满配料,轻轻摇晃并用刀或刮铲平整配料表面。

在称量黏稠配料(如蜂蜜或糖浆)时,在称量勺上喷点食用油,可以防止配料粘在勺子上,使称量更准确。配料不是越多越好,所以一定要按照称量勺标准和配料要求量进行量取。使用量杯量取液体时,要将杯子放在平面上,读数时,视线要与凹液面的最低处保持水平。许多量杯上有英制和公制的刻度,要注意选择合适的称量单位。

2. 黄油和鸡蛋

在烘焙之前,最好将刚从冰箱里拿出的黄油和鸡蛋等食材的温度放至室温。鸡蛋可以在温水中浸泡5~10分钟。黄油可切碎放入碗中,然后将装有黄油的碗在热水中放置几分钟,或用微波炉每次加热5秒直到变软。在分离鸡蛋清时,使用一个单独的碗,一次只敲碎一个鸡蛋。这样,就算打破了一个蛋黄,也不会落入整碗的蛋清中。如果有蛋黄不小心掉在蛋清里,一定要将其舀出,因为即使微量的蛋黄脂肪,也会影响蛋糕通气。

3. 如何储存蛋糕

大多数蛋糕的保质期为2~3天。通常蛋糕的脂肪含量越高,保存时间就越长。保存蛋糕时,尽量将其存放在与蛋糕大小相近的密封容器中,以减少蛋糕周围的空气。将蛋糕放入容器之前,要确保蛋糕已冷却至室温。许多蛋糕在涂抹糖霜或撒糖粉之前,也可以冷冻保存。食用前,将其放在冰箱冷藏室过夜解冻,切片在室温下放置10~15分钟即可解冻。

4. 烘焙工具

厨房里的许多工具都可以用来烘焙,随着烘焙兴趣和知识的增长,你可以拥有更多有用的工具。

量杯。对于干性配料，需要使用澳大利亚标准的公制量杯，规格从 1/4 杯到 1 杯不等。更多关于如何使用澳大利亚量具的信息可参阅第 188 页。

称量勺。澳大利亚是世界上唯一一使用公制 20 毫升茶匙的国家。其他国家使用的是英制 15 毫升（等于 3 茶匙）称量勺。本书使用的是公制茶匙称量勺。关于如何使用本书中的度量衡的更多信息可参阅第 188 页。

称量罐。本书选择透明塑料或玻璃材质的杯子作为称量罐，最常用的规格是 1 升和 250 毫升。

秤。最好使用电子天平，可以把碗放在电子天平上归零（去皮）。

搅拌碗。烘焙需要使用不同规格和大小的搅拌碗。用勺子或手动打蛋器搅拌原料时，可使用宽大的碗；用电动搅拌器搅拌时，需要高而深的碗；不锈钢碗不会和配料发生化学反应且耐高温；微波炉加热时，最好使用陶瓷碗或耐热的玻璃碗。此外，还需要耐热碗，以便放在平底锅上水浴融化巧克力。

勺子和刮铲。需要根据制作原料选用勺子：混合配料要用稍大的金属勺子，制作奶油或搅拌选用木制勺子。木头会吸收风味和脂肪，所以在制作甜食和咸食时不要使用同一把勺子。橡胶或塑料的刮铲可以用来清理碗壁的残留物，最好准备一大一小两把灵活的、一体成型的刮铲。

打蛋器。打蛋器用于搅拌奶油、蛋清以及混合配料，使用厨师机搅拌会更方便。如果原料不需要打发，可以使用小的硬质打蛋器。

筛网。需要准备小、中、大 3 种尺寸的尼龙或金属筛网。

调色板刀。长的调色板刀用来给蛋糕涂抹糖霜或者挪动糕点。短、直和曲柄调色板刀可以将糖霜、馅料和混合配料涂抹至烤盘，也可以从烤盘中取出饼干。

研磨器。建议使用微平面研磨器来研磨橘子皮和生姜。

擀面杖。大理石、木头或玻璃材质的擀面杖均可使用。

面包刷。推荐使用天然纤维或硅胶刷子。

铁丝冷却架。矩形铁丝架最实用，较细的架子可以减轻对小型或精致烘焙食品的损坏。

饼干和切片饼干

从经典的黄油饼干、有嚼劲的饼干到美味的
切片饼干，这些都非常适合分享。

巧克力曲奇

准备时间 + 烘烤时间 =30 分钟（制作 44 块）

使用这个配方可以制作一款经典巧克力口味或者其他口味（12~13 页）的曲奇。缩短烘焙时间会使曲奇更有嚼劲。

250 克黄油（软化）

1 茶匙香草精

¾ 杯（165 克）细白砂糖

¾ 杯（165 克）红糖

1 个鸡蛋

2.25 杯（335 克）普通面粉

1 茶匙小苏打

375 克黑巧克力（切碎）

1 预热烤箱至180℃。在3个烤盘上涂一层油，铺上烘焙纸。

2 将黄油、香草精、细白砂糖和鸡蛋放入小碗中，用厨师机搅拌均匀后，将其转移到一个大碗中，分两次加入过筛的面粉和小苏打，最后加入黑巧克力搅拌均匀。

3 取1汤匙的巧克力面团将其捏成球状，间隔5厘米放在烤盘上。

4 曲奇烘烤12分钟更有嚼劲，烘烤14分钟更加酥脆，冷却后食用。

提示

巧克力曲奇在室温下可密封保存 1 周。

多种口味的曲奇

按照第 11 页巧克力曲奇的制作步骤，去掉、替换或添加配料，即可制作出多种口味和质地的曲奇。

燕麦和白葡萄干（左上）

按照第 11 页的步骤制作巧克力曲奇，在步骤 2 中将 ¼ 杯（40 克）葡萄干和两汤匙燕麦片与黑巧克力一起加入。其余步骤不变。

3 色巧克力（中上）

按照第 11 页的步骤制作巧克力曲奇，将步骤 2 中的黑巧克力换成 125 克牛奶和 125 克黑巧克力。其余步骤不变。

白巧克力和夏威夷果（右上）

按照第 11 页的步骤制作巧克力曲奇，将步骤 2 中的黑巧克力换成 ¾ 杯（105 克）切碎的夏威夷果和 200 克切碎的白巧克力。其余步骤不变。

榛子和黑巧克力（左下）

按照第 11 页的步骤制作巧克力曲奇，将步骤 2 中的黑巧克力换成 200 克切碎的黑巧克力和 ¾ 杯（105 克）切碎的去皮榛子。其余步骤不变。

花生酱杯（中下）

按照第 11 页的步骤制作巧克力曲奇，将步骤 2 中的黑巧克力换成切碎的花生酱牛奶巧克力杯（2 × 42 克）、200 克切碎的牛奶巧克力和 ½ 杯（70 克）切碎的烤花生。其余步骤不变。

浓巧克力片（右下）

按照第 11 页的步骤制作巧克力曲奇，把普通面粉的量减少到两杯（300 克）。在步骤 2 过筛之前，在面粉和小苏打中加入 ¼ 杯（25 克）可可粉。其余步骤不变。

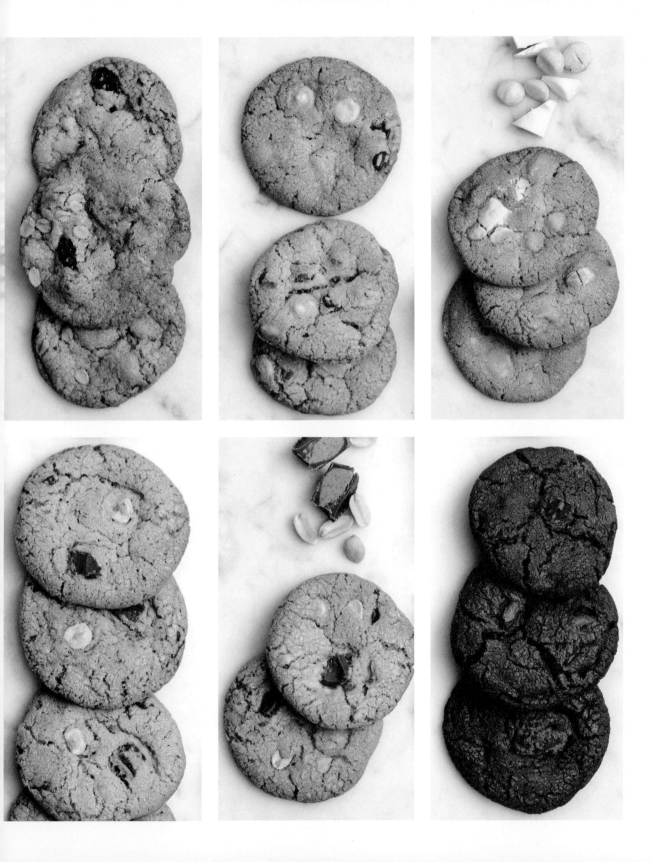

5 种原料的三层巧克力布朗尼

准备时间 + 烘烤时间 =40 分钟（制作 12 块）

对巧克力爱好者来说，三层巧克力布朗尼的制作过程非常简单，只需 5 种原料。如果喜欢黏稠的巧克力布朗尼，注意烘烤时间不宜过长。

4 个鸡蛋（常温）
220 克巧克力榛子酱
¼ 杯（45 克）牛奶巧克力片
¼ 杯（45 克）白巧克力片
2 茶匙可可粉

1 预热烤箱至180℃。在20厘米的正方形烤盘上涂一层油，铺上烘焙纸，使烘焙纸高于烤盘边缘5厘米。

2 用厨师机打发鸡蛋10分钟至鸡蛋的体积增加到原来的3倍。

3 把巧克力榛子酱放在一个稍大、适合微波炉加热的碗中，加热20秒至巧克力榛子酱软化。

4 将鸡蛋分3次打入软化的巧克力榛子酱中，混合均匀后倒入烤盘。

5 烘烤20分钟后取出，撒上混合的巧克力片，继续烘烤5分钟至用筷子插入布朗尼中心，取出后没有黏稠物附着。

6 从烤盘中取出布朗尼，撒上可可粉，切成12块即可食用。

提示

布朗尼在室温下可密封保存3天。

焦糖姜脆饼

准备时间 + 烘烤时间 =1 小时（制作 45 块）

　　焦糖姜脆饼充满了姜和肉桂的香味，焦糖的加入使姜饼的味道更加丰富。现烤现吃，口感最佳。

2 杯（300 克）普通面粉

½ 茶匙小苏打

1 茶匙肉桂粉

2 茶匙生姜粉

1 杯（220 克）细白砂糖

125 克冷藏黄油（切碎）

1 个鸡蛋

1 茶匙糖浆

2 汤匙切碎的结晶姜

45 块硬的焦糖

1 预热烤箱至180℃。在两个大烤盘上涂一层油，铺上烘焙纸。

2 将过筛的干性配料与黄油一起搅拌至碎屑状，加入鸡蛋、糖浆和结晶姜，混合均匀，在台面上撒一些面粉，将面团揉至光滑。

3 将1茶匙的面团揉成球状，间隔3厘米放在烤盘上。

4 烘烤12分钟后，在每个饼干上放一块焦糖，继续烘烤5分钟至焦糖开始融化，冷却后食用。

入口即化的奶油饼干

准备时间 + 烘烤时间 =40 分钟（制作 20 块）

制作这款入口即化的奶油饼干的关键是饼干大小要均匀，并在两块饼干之间夹上奶油。这款奶油饼干非常美味，入口即化。

250 克黄油（软化）
1 茶匙香草精
½ 杯（80 克）糖粉
1.5 杯（225 克）普通面粉
½ 杯（75 克）玉米淀粉
2 茶匙糖粉（另用）

甜奶油酱的制作材料
90 克黄油（切碎）
¾ 杯（120 克）糖粉
1 茶匙磨碎的柠檬皮
1 茶匙柠檬汁

1 预热烤箱至160℃。在两个烤盘上涂一层油，铺上烘焙纸。

2 在小碗中加入黄油、香草精和过筛的糖粉，用厨师机打发至呈乳白色，转移到大碗中，分两次加入过筛的面粉和玉米淀粉，搅拌均匀。

3 手上撒点面粉，取1茶匙的混合物捏成球状（可以捏40个球），间隔2.5厘米放在烤盘上，用沾了面粉的叉子将每个球轻轻压成约4厘米的圆形。

4 烘烤15分钟至可以轻轻推动饼干但不会破碎。在烤盘上冷却5分钟后，转移到铁丝架上冷却。

5 制作奶油夹心。在小碗中加入黄油、过筛的糖粉和磨碎的柠檬皮，搅拌至呈乳白色，加入柠檬汁混合均匀。

6 在两片饼干之间夹上奶油，撒上过筛的糖粉即可食用。

提示

有夹心的饼干可密封冷藏保存 3 天；普通饼干可在室温下密封保存 1 周。

巧克力焦糖块

准备时间 + 烘烤时间 =55 分钟（制作 24 块）

巧克力焦糖块又称为百万富翁脆饼，以饼干作为底胚，上面覆有柔软的焦糖和美味的黑巧克力，用热刀切成方块食用。

1 杯（150 克）普通面粉

½ 杯（110 克）红糖

½ 杯（40 克）椰蓉

125 克黄油（融化）

125 克黄油（另用）

2×397 克加糖炼乳

¼ 杯（90 克）糖浆

185 克黑巧克力（切碎）

2 茶匙植物油

1 预热烤箱至180℃。在20厘米×30厘米的烤盘上涂一层油，在底部和长边铺上烘焙纸，使烘焙纸高于烤盘边缘5厘米。

2 制作底胚。将红糖、椰蓉和过筛的面粉放入中号碗，加入黄油，搅拌均匀后倒入烤盘，烘烤15分钟至呈浅黄色，取出冷却。

3 将加糖炼乳、糖浆和另用的黄油放入平底锅中，小火加热至融化，倒在已冷却的底胚上，烘烤20分钟至呈金黄色，冷却。

4 在中号耐热碗中加入黑巧克力和植物油，放在装有沸水的平底锅里（注意水面不要超过碗沿），搅拌至融化，涂抹在底胚上。冷藏30分钟至定型，用热刀切分后食用。

提示

巧克力焦糖块在室温下可密封保存 1 周，如果天气炎热，可以冷藏。

蜜糖杂烩饼干

准备时间 + 烘烤时间 =35 分钟（制作 40 块）

这款在软烤耐嚼的蜂蜜杂烩中加入糖和香料制成的饼干，是澳大利亚的一种标志性饼干。其历史可以追溯到 19 世纪。在长条形的姜饼上抹上粉色或白色的糖霜，会增添许多美味。

60 克黄油

½ 杯（110 克）红糖

¾ 杯（270 克）糖浆

1 个鸡蛋（蛋液）

2.5 杯（375 克）普通面粉

½ 杯（75 克）自发面粉

½ 茶匙小苏打

2 茶匙生姜粉

2 茶匙混合香料

糖霜制作材料

1 个鸡蛋的蛋清

1.5 杯（240 克）糖粉

约 1 汤匙的柠檬汁

粉色食用色素

1 预热烤箱至160℃。在两个大烤盘上涂一层油。

2 将黄油、红糖和糖浆放入平底锅中，小火加热搅拌至融化，冷却10分钟。

3 把步骤2的糖混合物转移到大碗中，分两次加入鸡蛋和过筛的干性配料，在台面上撒一些面粉，将面团揉至不粘手，用保鲜膜包裹冷藏30分钟。

4 将冷藏后的面团分成8份，每份面团擀成两厘米厚的长条，切分成5条6厘米长的面团，将面团间隔3厘米放在烤盘上。在手上撒一些面粉，规整面团两端至圆滑，稍稍压平。

5 烘烤15分钟至轻微变色，冷却。

6 制作糖霜。在小碗里将蛋清打匀，逐渐加入过筛的糖粉，加入柠檬汁使糖粉溶解。在一半的蛋清混合物中加入粉色食用色素，制成粉色的糖霜；另一半为未着色的白色糖霜，用湿毛巾盖住碗口，防止挥发。

7 将粉色和白色的糖霜涂抹在饼干上，会使饼干更美味。

提示

在取糖浆的勺子上涂点食用油，可以防止糖浆黏附。

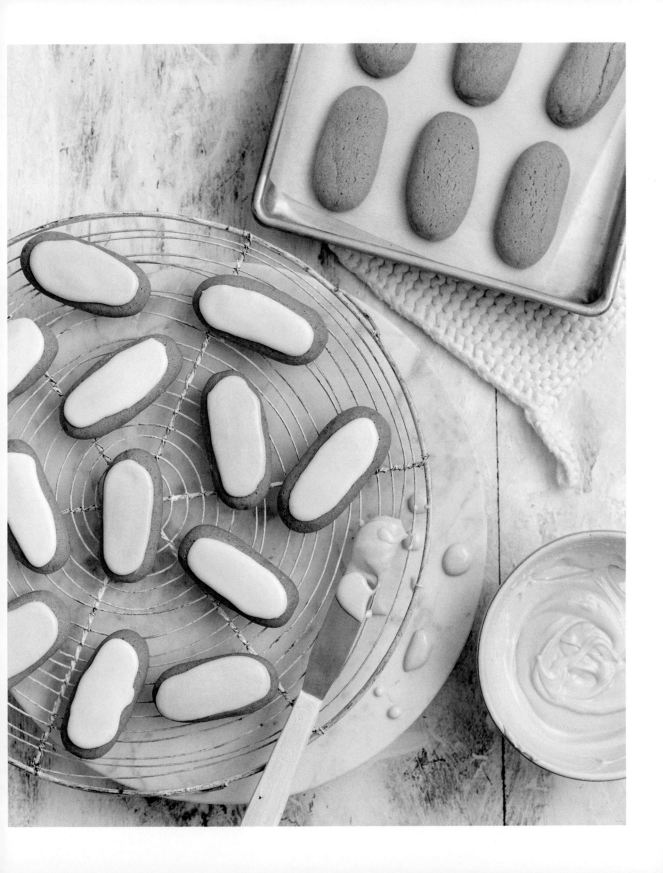

树莓椰片

准备时间 + 烘烤时间 =1 小时（制作 12 块）

　　树莓椰片是在黄油酥饼的基础上加入大块树莓果酱和烘烤过的松软椰蓉，制成的十分美味的水果风味甜饼干。现烤现吃，口感最佳，也可以搭配早茶一起食用。

90 克黄油
½ 杯（110 克）细白砂糖
1 个鸡蛋
⅔ 杯（100 克）普通面粉
¼ 杯（35 克）自发面粉
1 汤匙吉士粉
⅓ 杯（110 克）树莓果酱

椰子浇头的制作材料
2 杯（180 克）椰蓉
¼ 杯（55 克）细白砂糖
2 个鸡蛋（打碎）

1 预热烤箱至180℃。在20厘米×30厘米的烤盘上涂一层油，在底部和长边铺上烘焙纸，使烘焙纸高于烤盘边缘两厘米。

2 用厨师机将黄油、细白砂糖和鸡蛋搅拌至颜色变浅，加入过筛的面粉和吉士粉，混合均匀后倒入烤盘。

3 烘烤15分钟，冷却10分钟。

4 制作椰蓉浇汁。将椰蓉、鸡蛋和细白砂糖放入中号碗，搅拌混匀。

5 将树莓果酱抹在冷却的蛋糕胚上，淋上椰蓉浇汁，烘烤25分钟至呈浅棕色，冷却后切块食用。

浓郁柠檬切片

准备时间 + 烘烤时间 =55 分钟（制作 16 块）

用新鲜的柠檬馅配上黄油饼干做成的美味柠檬切片甜点，可以搭配茶饮一起享用。注意：一定要完全冷却后，再切块。

125 克黄油（切碎）

¼ 杯（40 克）糖粉

1.25 杯（185 克）普通面粉

3 个鸡蛋

1 杯（220 克）细白砂糖

2 茶匙磨碎的柠檬皮

½ 杯（125 毫升）柠檬汁

1 汤匙糖粉（另用）

1 预热烤箱至180℃。在23厘米的正方形蛋糕盘上涂一层油，铺上烘焙纸，使烘焙纸高于蛋糕盘边缘两厘米。

2 在小碗中用厨师机搅拌黄油和糖粉（40克），加入1杯（150克）面粉搅拌均匀，倒在蛋糕盘上。

3 烘烤15分钟至呈浅棕色。

4 将鸡蛋、细白砂糖、剩余面粉、柠檬皮和柠檬汁放入中号碗，搅拌均匀后倒在热的蛋糕胚上。

5 烘烤20分钟至定型，冷却后切块、撒上过筛的糖粉即可食用。

提示

柠檬切片可密封冷藏保存 3 天。

莓果酱香草蝴蝶酥

准备时间 + 烘烤时间 =30 分钟（制作 46 块）

蝴蝶酥是一款非常美味的法国糕点，可以当做早餐或甜点。可以根据喜好选用莓果酱，如草莓、树莓、黑莓混合的果酱。

½ 杯（60 克）杏仁片（切碎）

1 茶匙香草酱

1 茶匙磨碎的橘子皮

⅔ 杯（215 克）莓果酱（见提示）

2 张千层酥皮

2 汤匙细白砂糖

1 将切碎的杏仁片、香草酱、橘子皮和莓果酱放入小碗，混合均匀。

2 把步骤1的混合物涂抹在千层酥皮上，将酥皮的两边向内折叠，使其在中间交叠，稍稍压平，重复操作一次后再对折。撒上一层细白砂糖卷起来，用保鲜膜包裹冷冻30分钟至稍微变硬。

3 预热烤箱至180℃。在两个大烤盘上铺上烘焙纸。

4 取下保鲜膜，将酥饼切成约1厘米厚的片状，间隔5厘米放在烤盘上。

5 烘烤20分钟至膨胀、呈金黄色，冷却后食用。

提示

可根据个人喜好，选用不同口味的莓果酱。

佛罗伦萨脆饼

准备时间 + 烘烤时间 =1 小时 20 分钟（制作 70 块）

佛罗伦萨脆饼是经过两次烘烤的意大利杏仁饼干。由于其质地干燥，通常要搭配饮品食用。传统吃法是作为饭后甜点搭配托斯卡纳葡萄酒，现在更流行搭配咖啡一起食用。

1 杯（220 克）细白砂糖

2 个鸡蛋

1 杯（150 克）普通面粉

½ 杯（75 克）自发面粉

¾ 杯（60 克）烤熟的杏仁片

½ 杯（80 克）葡萄干

½ 杯（100 克）糖渍樱桃（切成两半）

200 克黑巧克力（切碎）

1 预热烤箱至180℃。在两个大烤盘上涂一层油，并铺上烘焙纸。

2 将细白砂糖和鸡蛋放入中号碗搅拌，加入杏仁片、葡萄干、糖渍樱桃和过筛的面粉，搅拌均匀。将面团揉成两条30厘米的长条，放在烤盘上，稍稍压平。

3 烘烤大约30分钟，冷却。

4 降低烤箱温度至140℃。

5 用锯齿刀将步骤3烘烤好的面团条斜切成5毫米的切片，单层排放在铺有烘焙纸的烤盘上，烘烤20分钟至酥脆，中间翻转一次，烘烤完成后，铁丝架上冷却。

6 将黑巧克力放在中号耐热碗里，将碗放在装有沸水的平底锅里（注意水面不要超过碗沿），搅拌至融化。把融化好的巧克力倒入小杯子，将佛罗伦萨脆饼的一端蘸上巧克力，放在铺有烘焙纸的烤盘上，室温下放置至巧克力凝固。

提示

佛罗伦萨脆饼在室温下可密封保存两周。

姜饼环

准备时间 + 烘烤时间 =1 小时（制作两个姜饼环或 30 块中等大小的饼干）

姜饼环的制作需要 3~4 个不同大小的星形模具。该配方选用 8 厘米、6 厘米、5 厘米和 3 厘米的规格。配方中也包含了糖霜的制作过程，可根据自己的喜好，将其撒在星形或者其他形状的姜饼上。

125 克黄油（软化）
½ 杯（110 克）红糖
1 个蛋黄
2.75 杯（405 克）普通面粉
1 茶匙小苏打
3 茶匙生姜粉
½ 杯（125 毫升）糖浆
糖粉（撒）

糖霜的制作材料
1 个鸡蛋的蛋清
约 1.5 杯（240 克）糖粉

1 将黄油和红糖放入小碗中，用厨师机搅拌均匀，加入蛋黄、过筛的干性配料和糖浆，搅拌成柔软的面团。在台面上撒一些面粉，将面团揉至光滑后分成两半，用保鲜膜包裹放入冰箱冷藏1小时。

2 将面团擀至5毫米厚，用烘焙纸包裹冷冻15分钟。

3 预热烤箱至180℃。在两个烤盘上铺上烘焙纸。

4 用模具制出24个大号星星，12个中号星星和两种小号星星各16个，必要时可以用余料制作相应型号的星星。将两种小号星星放在一个烤盘上，将大、中号星星放在另一个烤盘上。

5 大、中号星星烘烤15分钟，小号星星烘烤12分钟至颜色变浅，冷却。

6 制作糖霜。在小碗里用厨师机打发蛋清，逐渐加入过筛的糖粉，搅拌至呈坚挺的雪峰状。用湿毛巾盖住碗口，防止挥发。

7 在两张烘焙纸上画一个25厘米的圆圈，标记面朝下放在台面上。用勺子将糖霜装入裱花袋中（见提示），按照标记的圆圈的形状将星星排列成环状，用糖霜将星星"粘"在一起，在室温下放置至凝固。撒上糖粉即可食用。

提示
如果没有裱花袋，可以用塑料袋代替；姜饼在室温下可密封保存两周。

切片烤饼干

准备时间 + 烘烤时间 =1 小时 30 分钟（制作 48 块）

切片烤饼干的制作非常简单，很适合作为午餐便当或自制礼物。搭配茶饮享用也是不错的选择。生面团用锡箔纸包好可冷冻保存一个月。

250 克黄油

1.25 杯（200 克）糖粉

2 茶匙香草精

2 杯（300 克）普通面粉

½ 杯（75 克）大米粉

⅓ 杯（50 克）玉米淀粉

2 汤匙牛奶

1 汤匙糖粉（另用）

1 在一个大碗里把黄油、糖粉和香草精用厨师机搅拌至松软呈白色，将面粉、大米粉和玉米淀粉混合并过筛，分两次加入，倒入牛奶搅拌均匀。

2 将面团分成两份，在台面上撒一些面粉，揉成光滑的长条（25厘米），用烘焙纸包裹放入冰箱冷藏1小时直至变硬，最多冷藏两天。

3 预热烤箱至160℃。在两个烤盘上涂一层油，将长条切成1厘米厚的片状，间隔3厘米放在烤盘上。

4 烘烤20分钟至呈淡黄色，中间翻转一次，在烤盘上冷却20分钟后转移到铁丝架上冷却。撒上糖粉即可食用。

提示

在室温下，切片烤饼干可密封保存 1 周。

多种口味的切片烤饼干

以第 35 页的配方为基础，去掉、替换或添加一些配料，并按照以下食谱步骤制作坚果味或巧克力味的切片烤饼干。

橘子和虞美人籽（左上）

制作切片烤饼干，不加香草精，在黄油和糖粉中加入 1 汤匙磨碎的橘子皮，在过筛面粉中加入 1.5 汤匙虞美人籽。其余步骤不变。

碧根果和肉桂（右上）

制作切片烤饼干，在过筛的面粉中加入 1 茶匙肉桂粉和 1 杯（100 克）烤好的碧根果碎，混合均匀。烘烤前，在切片的饼干上撒两汤匙肉桂糖。其余步骤不变。

巧克力豆（左下）

制作切片烤饼干，将 230 克巧克力豆与过筛的面粉混合，分次加入。其余步骤不变。

柠檬和开心果（右下）

制作切片烤饼干，不加香草精，在黄油和糖粉中加入 1 汤匙磨碎的柠檬皮，在过筛面粉中加入 ¾ 杯（110 克）烤好的开心果碎。其余步骤不变。

提示

巧克力豆的颜色可能会影响面团的颜色。

巧克力松露杏仁片

准备时间 + 烘烤时间 =1 小时 10 分钟（制作 24 块）

以杏仁和黑巧克力为原料，制作令人垂涎欲滴的三角形松露，可以作为餐后甜点，也可以装在漂亮的食盒里送人。巧克力松露不是加了松露的巧克力，仅仅是因为在它出现之初，发明者觉得其形状像松露。

150 克黑巧克力（切碎）
3 个鸡蛋的蛋清
¾ 杯（165 克）细白砂糖
1 杯（120 克）杏仁粉
2 汤匙普通面粉
1 汤匙可可粉

浇汁的制作材料
200 克黑巧克力（切碎）
125 克黄油（切碎）
⅓ 杯（75 克）细白砂糖
3 个鸡蛋的蛋黄

1 预热烤箱至180℃。在20厘米×30厘米的烤盘上涂一层油，在底部和长边铺上烘焙纸，使烘焙纸高于烤盘边缘5厘米。

2 在小号耐热碗里放入黑巧克力，然后将小碗放在装有沸水的平底锅里（注意水面不要超过碗沿），不断搅拌，巧克力融化后倒入烤盘，冷藏10分钟至凝固。

3 在小碗里用厨师机打发蛋清，直到呈软峰形态，分次加入细白砂糖（每次的糖融化后再加入）、杏仁粉和面粉，混合均匀，倒在凝固的巧克力上。

4 烘烤20分钟至变硬，冷却5分钟。

5 制作浇汁。将黑巧克力放在小号耐热碗中，放在装有沸水的平底锅里（注意水面不要超过碗沿）搅拌至融化。在小碗里放入黄油、细白砂糖和蛋黄，用厨师机搅拌至糖溶解，加入融化的巧克力，搅拌至光滑。

6 把浇汁淋在半成品上，烘烤15分钟至定型，冷却后放入冰箱冷藏至变硬。食用前撒上可可粉，切分成三角形。

花生酱饼干

准备时间 + 烘烤时间 =50 分钟（制作 24 块）

花生酱饼干具有浓郁的花生香味和酥脆耐嚼的质地。恰到好处的咸味和甜味以及入口即化的口感，成就了花生酱饼干的经典。

60 克黄油（软化）
½ 杯（130 克）花生酱
½ 杯（110 克）细白砂糖
½ 杯（110 克）红糖
1 个鸡蛋
1 杯（140 克）烤花生（切碎）
40 克巧克力棒（切碎）
1 杯（150 克）自发面粉

1 预热烤箱至180℃。在3个大烤盘上涂一层油，铺上烘焙纸。

2 在小碗里用厨师机将黄油、花生酱、红糖和细白砂糖搅拌至松软、颜色变浅，加入鸡蛋搅拌，加入切碎的烤花生、巧克力棒和过筛的面粉，混合均匀。

3 将1.5茶匙的混合物揉成球状，间隔3厘米放在烤盘上，稍稍压平。如果有花生或巧克力掉出来，再揉进面团里即可。

4 烘烤15分钟至微微变色，冷却。

金色燕麦饼干

准备时间 + 烘烤时间 =45 分钟（制作 32 块）

第一次世界大战期间，志愿者们将饼干装在罐头里送给澳新军团的士兵。如今为了纪念军人，金色燕麦饼干已成为澳大利亚和新西兰澳新军团纪念日的传统食品。

125 克黄油（切碎）

2 汤匙糖浆

½ 茶匙小苏打

2 汤匙沸水

1 杯（90 克）燕麦片（见提示）

1 杯（150 克）普通面粉

1 杯（220 克）红糖

¾ 杯（60 克）椰蓉

1 预热烤箱至180℃。在两个大烤盘上涂一层油，铺上烘焙纸。

2 在平底锅中用小火加热黄油和糖浆，搅拌至光滑，加入溶于沸水的小苏打，混合均匀，加入剩余配料和燕麦片，搅拌均匀。

3 将1茶匙的混合物揉成球状，间隔5厘米放在烤盘上，稍稍压平。

4 烘烤15分钟至呈金黄色，冷却后食用。

提示

不建议使用速食燕麦，可能会影响饼干的口感。

蛋糕和纸杯蛋糕

在这个系列的甜点食谱中，你可以学习经典蛋糕、
美味甜点和节日糕点的制作。

巧克力丝绒蛋糕

准备时间 + 烘烤时间 =1 小时 10 分钟（制作 16 个）

巧克力丝绒蛋糕的制作非常简单，在松软的蛋糕上涂抹一层诱人的巧克力酱，一定会让你食欲大增。在抹巧克力酱之前，蛋糕需完全冷却。

125 克黄油（软化）
1 杯（220 克）红糖
½ 杯（110 克）细白砂糖
3 个鸡蛋
2 杯（300 克）普通面粉
⅓ 杯（35 克）可可粉
1 茶匙小苏打
⅔ 杯（160 克）酸奶油
½ 杯（125 毫升）水

巧克力酱的制作材料
90 克黑巧克力（切碎）
60 克黄油（切碎）
½ 杯（80 克）糖粉
¼ 杯（60 克）酸奶油

1 预热烤箱至180℃。在23厘米×30厘米的矩形蛋糕盘或烤盘上涂一层油，在底部和长边铺上烘焙纸，使烘焙纸高于烤盘边缘5厘米。

2 在大碗里用厨师机低速搅拌制作蛋糕的配料，混合均匀后调至中速继续搅拌大约3分钟至光滑、颜色变淡，倒入烤盘。

3 烘烤45分钟至用筷子插入蛋糕中心，取出后没有黏稠物附着，在烤箱中放置10分钟后倒扣在铁丝架上冷却。

4 制作巧克力酱。将配料放入平底锅中，小火加热，搅拌至光滑（两分钟），然后将巧克力酱转移至小碗冷却10分钟，冷藏20分钟至呈黏稠的可涂抹状态。

5 在冷却后的蛋糕上涂抹巧克力酱，待巧克力凝固后切分食用。

提示

巧克力丝绒蛋糕可在室温下密封保存 3 天，没有涂抹巧克力酱的蛋糕可冷冻保存两个月。

纽约芝士蛋糕

准备时间 + 烘烤时间 =2 小时 30 分钟（制作 12 块）

纽约芝士蛋糕经过了两次烘焙，丰富的奶油奶酪使其具有浓郁的口感和奶油般的质地。用热刀切分可制作整齐的片状蛋糕。

500 克甜饼干
250 克黄油（融化）
750 克奶油奶酪（软化）
2 茶匙磨碎的橘子皮
1 茶匙磨碎的柠檬皮
1 杯（220 克）细白砂糖
3 个鸡蛋
¾ 杯（180 克）酸奶油
¼ 杯（60 毫升）柠檬汁

酸奶油浇汁的制作材料
1 杯（240 克）酸奶油
2 汤匙细白砂糖
2 茶匙柠檬汁

1 将捏碎的饼干放入大碗，加入黄油，搅拌均匀后压在24厘米的蛋糕烤盘中，放在托盘上冷藏30分钟。

2 预热烤箱至180℃。

3 在中号碗中放入奶油奶酪、橘子皮、柠檬皮和细白砂糖，用厨师机搅拌至光滑，逐个打入鸡蛋搅拌，加入酸奶油和柠檬汁混合均匀，倒入蛋糕烤盘中。

4 烘烤75分钟，冷却15分钟。

5 制作酸奶油浇汁。在中号碗中用木勺搅拌酸奶油、细白砂糖和柠檬汁至光滑（不要使用打蛋器，避免产生气泡）。

6 将酸奶油浇汁淋在蛋糕上，继续烘烤20分钟，将蛋糕放在虚掩着门的烤箱里冷却，冷藏3小时或过夜后食用。

提示

使用的配料都应放置至室温；将蛋糕放在密封容器里冷藏保存。

黑莓漩涡柠檬纸杯蛋糕

准备时间 + 烘烤时间 =1 小时（制作 12 块）

纸杯蛋糕可以作为早茶或下午茶。这个配方中使用了柠檬汽水。剩余的糖霜可以放在冰箱里，供下一次使用。

125 克黄油（软化）

½ 杯（110 克）细白砂糖

1 汤匙磨碎的柠檬皮

2 个鸡蛋

1.5 杯（225 克）自发面粉

½ 杯（125 毫升）柠檬汽水

黑莓糖霜的制作材料

¼ 杯（35 克）冷冻黑莓（解冻）

500 克奶油奶酪（软化）

2 杯（320 克）糖粉

1 汤匙柠檬汽水

2 茶匙磨碎的柠檬皮

1 制作黑莓糖霜。用叉子将黑莓压碎，在小碗中放入奶油奶酪、过筛的糖粉、柠檬水和柠檬皮，用厨师机搅拌均匀，加入压碎的黑莓，搅拌形成漩涡（不要过度搅拌，否则会失去漩涡效果），转移到耐冻容器中，盖上保鲜膜，冷冻6小时或过夜，直到凝固。

2 预热烤箱至180℃。在12孔（⅓杯/80毫升）松饼烤盘中放上纸盒。

3 将黄油、细白砂糖和柠檬皮放入小碗，用厨师机搅拌至蓬松，逐个加入鸡蛋，搅拌均匀后转移到大碗中，分两次加入柠檬水和过筛的面粉，搅拌均匀，用勺子装模。

4 烘烤20分钟至用筷子插入蛋糕中心，取出后没有黏稠物附着。在烤箱里放置5分钟后，倒扣在铁丝架上冷却。

5 用小冰激凌勺将糖霜舀在纸杯蛋糕上，即可食用。

咖啡核桃蛋糕

准备时间 + 烘烤时间 =1 小时 15 分钟（制作 8 块）

咖啡核桃蛋糕是一款让人怀念的点心，太妃糖的加入给蛋糕增添了许多美味，是下午茶的不错选择。

30 克黄油

1 汤匙红糖

2 茶匙肉桂粉

2 杯（200 克）烤核桃仁

½ 杯（125 毫升）牛奶

1 汤匙速溶咖啡

185 克黄油（软化，另用）

1.33 杯（300 克）细白砂糖

3 个鸡蛋

1 杯（150 克）自发面粉

¾ 杯（110 克）普通面粉

太妃糖糖霜的制作材料

½ 杯（110 克）细白砂糖

¼ 杯（60 毫升）水

¼ 杯（60 毫升）稀奶油

1 预热烤箱至160℃。在22厘米的蛋糕盘上涂一层油，撒上面粉，倒掉多余的面粉。

2 在平底锅中用中火加热融化黄油，加入红糖、肉桂粉和核桃仁搅拌均匀，冷却。

3 将牛奶和咖啡放入小碗，搅拌至咖啡溶解。

4 在小碗中放入另用的黄油和细白砂糖，用厨师机搅拌至蓬松，逐个打入鸡蛋和过筛的面粉一起搅拌，加入牛奶咖啡混合均匀，将⅓倒入烤盘，撒上⅓的核桃混合物，再倒入剩下的面粉混合物。

5 烘烤55分钟。在烘箱里放置5分钟，转移到铁丝架上冷却。

6 制作太妃糖糖霜。将细白砂糖和水在小锅里用中火加热（不要煮沸），搅拌至白砂糖溶化，煮沸后调至小火熬煮（不搅拌），直到呈焦糖色。加入稀奶油，搅拌1分钟至浓稠。

7 迅速将太妃糖糖霜淋在已冷却的蛋糕上，撒上剩余核桃混合物，轻轻压住。

费南雪

准备时间 + 烘烤时间 =45 分钟（制作 12 块）

费南雪，在法国被称为"Financiers"，是一款美味的杏仁小蛋糕，是聚会、野餐或携带午餐的最佳选择，也可以作为饭后甜点。56~57 页介绍了其他口味费南雪的制作方法。

6 个鸡蛋的蛋清
185 克黄油（融化）
1 杯（120 克）杏仁粉
1.5 杯（240 克）糖粉
½ 杯（75 克）普通面粉
1 汤匙糖粉（另用）

1 预热烤箱至200℃。

2 在12孔（½杯/125毫升）的椭圆形费南雪模具或矩形迷你面包盘上涂一层油。

3 在中号碗中用叉子搅拌蛋清，加入其余配料，搅拌均匀后用勺子舀入模具中。

4 烘烤20分钟，在烤箱中放置5分钟后转移到铁丝架上冷却，撒上过筛的糖粉即可食用。

多种口味的费南雪

以第 55 页的配方为基础，去掉、替换或添加一些配料，制作不同口味的费南雪。

树莓和白巧克力（左上）

在费南雪混合物中加入 100 克切碎的白巧克力，装模，撒上 100 克新鲜或冷冻的树莓。其余步骤不变。

巧克力和榛子（左中）

用榛子粉代替杏仁粉，在费南雪混合物中加入 100 克切碎的黑巧克力，装模，撒上 ¼ 杯（35 克）切碎的榛子。其余步骤不变。

李子（左下）

使用榛子粉或杏仁粉，装模，放上两片（200 克）李子薄片。其余步骤不变。

百香果柠檬糖浆蛋糕（右上）

使用榛子粉或杏仁粉，装模，加入两个百香果的果肉。其余步骤不变。

青柠和椰果（右中）

在费南雪混合物中加入两茶匙磨碎的青柠皮、1 汤匙青柠汁和 ¼ 杯（20 克）椰蓉，装模，放上椰片。其余步骤不变。

柠檬酱（右下）

在费南雪混合物中加入两茶匙磨碎的柠檬皮，在烘焙好的费南雪上刷上 ¼ 杯（80 克）购买或自制的柠檬酱，冷却，可以刷上更多的柠檬酱食用。其余步骤不变。

柠檬糖霜苹果姜汁蛋糕

准备时间 + 烘烤时间 =35 分钟（制作 12 块）

苹果和姜汁温暖舒适的味道结合在一起，带有一丝秋意，让人垂涎欲滴，柠檬糖霜的加入丰富了姜汁蛋糕的口感。

250 克黄油（软化）

1.5 杯（330 克）黑糖

3 个鸡蛋

¼ 杯（90 克）糖浆

2 杯（300 克）普通面粉

1.5 茶匙小苏打

2 汤匙生姜粉

1 汤匙肉桂粉

1 杯（170 克）切碎的苹果（见提示）

⅔ 杯（160 毫升）热水

制作柠檬糖霜的材料

2 杯（320 克）糖粉

2 茶匙黄油（软化）

⅓ 杯（80 毫升）柠檬汁

1 预热烤箱至180℃。在两个6孔（¾杯/180毫升）的迷你空心烤盘或松饼烤盘上涂一层油。

2 将黄油和黑糖放入小碗，用厨师机搅拌至蓬松、颜色变淡，逐个加入鸡蛋搅拌，再加入糖浆混合均匀。

3 将混合物转移到中号碗中，加入过筛的干性配料搅拌，加入苹果和水混合均匀。

4 装模，平整表面。

5 烘烤25分钟至用筷子插入蛋糕中心，取出后没有黏稠物附着，在烤箱中放置5分钟后转到铁丝架上冷却。

6 制作柠檬糖霜。将过筛糖粉放入中号耐热碗，加入黄油和柠檬汁搅拌呈糊状，将碗放在装有沸水的平底锅中，搅拌至糖汁变浓稠。

7 食用前，淋上柠檬糖霜。

提示

自备 1 个大苹果（200 克）；蛋糕可在室温下密闭保存 3 天，不含柠檬糖霜的蛋糕可冷冻保存 3 个月。

海绵蛋糕

准备时间 + 烘烤时间 =40 分钟（制作 10 块）

通过这个配方可以制作轻盈松软的蛋糕，可以作为下午茶或野餐时食用。经典的海绵蛋糕涂有一层奶油，但也可以添加一层草莓酱，并放上草莓片。

4 个鸡蛋

¾ 杯（165 克）细白砂糖

1 杯（150 克）小麦玉米淀粉

1/4 杯（30 克）吉士粉

1 茶匙塔塔粉

½ 茶匙小苏打

300 毫升浓缩奶油

1 汤匙糖粉

1 预热烤箱至200℃。在两个20厘米深的圆形蛋糕盘上涂一层油和面粉，抖掉多余的面粉。

2 将鸡蛋和细白砂糖放入大碗，用厨师机搅拌7分钟至浓稠的厚带状（如果使用手持式厨师机，在小碗里搅拌蛋和细白砂糖，再转移到大碗里和干性配料混合）。

3 在烘焙纸上将干性配料过筛两次，第三次过筛时均匀地撒在鸡蛋混合物上，使用手动打蛋器或大金属勺快速并轻柔地折叠搅拌，直至混合均匀。

4 将蛋糕混合物均匀地分配在两个蛋糕盘中，倾斜平底锅以铺满底部（为了确保每个蛋糕盘的量相同，将蛋糕盘放在电子天平上，清零，调整蛋糕混合物的量，直到两个蛋糕盘的重量相同）。

5 烘烤20分钟至按压蛋糕中心，回弹较好，立即将蛋糕面朝上放在铺有烘焙纸的铁丝架上冷却。

6 在大碗里搅拌奶油至呈柔软的峰状。

7 在海绵蛋糕上抹上奶油、撒上糖粉即可食用。

经典黄油蛋糕

准备时间 + 烘烤时间 =1 小时 30 分钟（制作 12 块）

经典黄油蛋糕的制作很简单，所需原料较少，非常适合作为早茶或下午茶甜点，也可以根据个人喜好添加糖霜或配料制成适合庆祝时食用的蛋糕。现做现吃，口感最佳。

250 克黄油（软化）

2 茶匙香草酱

1.5 杯（330 克）细白砂糖

3 个鸡蛋

1.75 杯（260 克）自发面粉

⅓ 杯（50 克）普通面粉

¾ 杯（180 毫升）牛奶

香草糖霜的制作材料

1.5 杯（240 克）糖粉

1 茶匙香草酱

约 2 汤匙水

1 预热烤箱至160℃。在20厘米深的方形蛋糕盘或22厘米深的圆形蛋糕盘上涂一层油，铺上烘焙纸，使烘焙纸高于蛋糕盘边缘5厘米。

2 在中号碗中放入黄油、香草酱和细白砂糖，用厨师机搅拌至松软，逐个加入鸡蛋搅拌，将配料转移到大碗中，分两次加入牛奶和过筛的面粉，搅拌均匀后倒入蛋糕盘。

3 烘烤1小时10分钟至用筷子插入蛋糕中心，取出后没有黏稠物附着，在烤箱中放置5分钟后转移到铁丝架上冷却。

4 制作香草糖霜。将糖粉筛入小号耐热碗中，加入香草酱和水搅拌至黏稠状，将碗放在装有沸水的平底锅里，搅拌至黏稠的可涂抹状态（注意不要过度加热）。

5 立即把糖霜涂在蛋糕上，使其自然流在蛋糕侧边。

巴甫洛娃

准备时间 + 烘烤时间 =2 小时 20 分钟（制作 10 块）

棉花糖般柔软蓬松的中心、酥脆的外皮以及丰富的奶油和水果，这款巴甫洛娃一定非常美味。你也可以提前 1 天烘烤，放在阴凉干燥处密封保存，食用前再加上奶油和水果。

6 个鸡蛋的蛋清

一点塔塔粉

1.5 杯（330 克）细白砂糖

3 茶匙玉米淀粉

2 茶匙香草酱

1.5 茶匙白醋

1.75 杯（430 毫升）浓缩奶油

250 克蓝莓

125 克树莓

1 汤匙糖粉

1 预热烤箱至120℃。在烤盘上涂一层油，在烘焙纸上画一个直径为20厘米的圆圈，标记面朝下放在烤盘上。

2 将蛋清和塔塔粉放入中号碗，用厨师机搅拌至呈柔软的峰状，分次加入细白砂糖（每次的糖融化后再加入），搅拌至黏稠、光滑。加入香草酱、白醋和过筛的玉米淀粉，搅拌均匀，铺在标记好的圆圈内，堆叠大约10厘米高，平整顶部。

3 烘烤1小时45分钟至干燥，在虚掩着门的烤箱中冷却。

4 用厨师机在小碗里打发奶油，直到呈柔软的峰状，用勺子把奶油涂在巴甫洛娃上，放上蓝莓和树莓，撒上糖粉，即可食用。

巧克力蛋糕块

准备时间 + 烘烤时间 =1 小时 20 分钟（制作 20 块）

这款巧克力蛋糕的制作需要一个平底烤盘。如果你不想让蛋糕熟得太快，可将烤箱温度降至 160℃，并增加 15 分钟的烘烤时间。

3 杯（660 克）细白砂糖
250 克黄油（切碎）
2 杯（500 毫升）水
⅓ 杯（35 克）可可粉
1 茶匙小苏打
3 杯（450 克）自发面粉
4 个鸡蛋（打碎）

巧克力奶油的制作材料
125 克黄油
1.5 杯（240 克）糖粉
⅓ 杯（35 克）可可粉
2 汤匙牛奶

1 预热烤箱至180℃。在26.5厘米×33厘米、容量为3.5升的烤盘上涂一层油，在底部铺上烘焙纸。

2 将细白砂糖、黄油、水、过筛的可可粉和小苏打放入平底锅，用中小火加热搅拌（注意不要煮沸）至混合均匀。煮沸，用小火熬煮5分钟，转移到大碗中冷却。

3 加入面粉和鸡蛋，用厨师机搅拌至光滑、颜色变淡。倒入烤盘。

4 烘烤50分钟至用筷子插入蛋糕中心，取出后没有黏稠物附着，在烤箱中放置5分钟后顶部朝上放在铁丝架上冷却。

5 制作巧克力奶油。在小碗里用厨师机搅拌黄油至呈黄白色（尽可能呈白色），分两次加入过筛的糖粉和可可粉，加入牛奶搅拌均匀。

6 在冷却后的蛋糕上涂上奶油。如果你喜欢，还可以撒上巧克力屑。

提示

巧克力蛋糕在室温下可密闭保存两天，或密封冷藏保存 4 天；无论是否涂抹巧克力奶油，都可冷冻保存 3 个月。

胡萝卜蛋糕

准备时间 + 烘烤时间 =1 小时 30 分钟（制作 12 块）

胡萝卜蛋糕制作容易、用途广泛，可以搭配一杯热茶或咖啡，或者根据个人喜好加上美味的糖霜（制作方法见 70~71 页）。

3 个鸡蛋

1.33 杯（295 克）红糖

1 杯（250 毫升）植物油

3 杯切碎的胡萝卜

1 杯（120 克）切碎的核桃仁

2.5 杯（375 克）自发面粉

½ 茶匙小苏打

2 茶匙混合香料

1 预热烤箱至180℃。在22厘米深的圆形蛋糕盘上涂一层油，在底部铺上烘焙纸。

2 将鸡蛋、红糖和油放入小碗，用厨师机搅拌至呈浓稠的奶油状，转移到大碗中，加入胡萝卜和核桃仁搅拌，加入过筛的干性配料混合均匀，倒入蛋糕盘。

3 烘烤1小时15分钟，在烤箱中放置5分钟后倒扣在铁丝架上冷却。可以根据个人喜好撒上糖粉食用。

多种口味的胡萝卜蛋糕

不同口味的糖霜会给胡萝卜蛋糕增添许多美味。按照第69页的方法制作胡萝卜蛋糕，冷却后切块，再根据个人喜好涂抹不同口味的糖霜。

柠檬奶油奶酪糖霜（左上）

将100克软化的黄油、250克软化的奶油奶酪和两茶匙切碎的柠檬皮放入小碗，用厨师机搅拌至蓬松，分次加入 $3\frac{1}{3}$ 杯（540克）糖粉，混合均匀。将胡萝卜蛋糕水平切分成两半，在中间和顶部各涂抹一半的糖霜。

橘子奶油奶酪糖霜（右上）

将100克软化的黄油和250克软化的奶油奶酪放入小碗，用厨师机搅拌至蓬松，分次加入 $\frac{3}{4}$ 杯（255克）橘子果酱，加入两杯（320克）糖粉，混合均匀。将胡萝卜蛋糕水平切分成两半，在中间和顶部各涂抹一半的糖霜。

乳酪姜糖霜（左下）

将1.5杯（360克）意大利乳清干酪和两汤匙蜂蜜搅拌至光滑，倒入小碗，再倒入 $\frac{1}{4}$ 杯（55克）切碎的结晶姜，冷藏1小时冷却至浓稠。将胡萝卜蛋糕水平切分成两半，在中间和顶部各涂抹一半的糖霜。

枫糖奶油奶酪霜（右下）

用厨师机将100克软化黄油，250克软化奶油奶酪和1茶匙香草精搅拌至蓬松，分次加入 $3\frac{1}{3}$ 杯（540克）过筛糖粉，加入 $\frac{1}{4}$ 杯（60毫升）枫糖浆，冷藏30分钟冷却至浓稠。将胡萝卜蛋糕水平切分成两半，在中间和顶部各涂抹一半的糖霜。

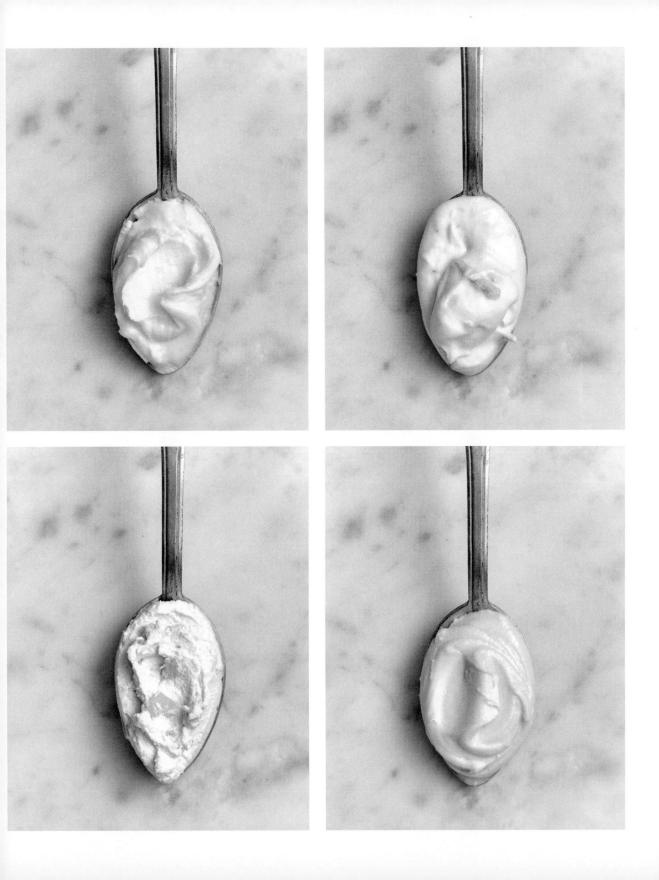

焦糖闪电泡芙

准备时间 + 烘烤时间 =1 小时 15 分钟（制作 12 份）

这款美味的法式糕点由焦糖奶油和咖啡糖霜搭配制成，非常美味。酥皮可以提前 1 天制作，食用前加上焦糖奶油和咖啡糖霜。

1 杯（250 毫升）水

75 克无盐黄油（切碎）

1 汤匙黑糖

1 杯（150 克）高筋面粉

4 个鸡蛋

¾ 杯（180 毫升）浓缩奶油

1 杯（300 克）焦糖奶油酱（见提示）

咖啡糖霜的制作材料

1 杯（160 克）糖粉

1.5 汤匙新鲜浓缩咖啡

1 预热烤箱至220℃。在两个烤盘上涂一层油。

2 制作泡芙酥皮。将水、黄油和黑糖放入平底锅，煮沸，混合均匀后加入面粉，中火加热，用木勺搅拌均匀，倒入厨师机的中号碗，逐个加入鸡蛋，用厨师机搅拌至光滑、有光泽。

3 用勺子将面粉混合物装入带有1.5厘米圆形裱花嘴的裱花袋，挤出12厘米长，间隔5厘米放在烤盘上，在手指上蘸点水抹平粗糙的边缘。

4 烘烤10分钟，降低烤箱温度至180℃，继续烘烤15分钟，用锯齿刀横向切成两半，挖去中间的软面团，放回烤盘再烘烤5分钟至变干，冷却。

5 制作咖啡糖霜。将糖粉筛入中号耐热碗，加入热咖啡，形成浓稠的糖霜，趁热涂在泡芙酥皮上。

6 用厨师机在中号碗里打发奶油至呈坚挺的雪峰状，缓缓加入焦糖奶油酱，搅拌均匀，用勺子将奶油混合物装入带有管型裱花嘴的裱花袋中，挤入泡芙酥皮中，盖上另一半带有咖啡糖霜的泡芙酥皮即可食用。

提示

罐装焦糖奶油酱可在超市、商店或熟食店里购买。

焦糖蜜枣蛋糕

准备时间 + 烘烤时间 =1 小时 15 分钟（制作 8 块）

　　这款焦糖蜜枣蛋糕适合在冬天食用，可以带给你温暖，最好趁热吃，可以根据个人喜好搭配一勺香草冰激凌或一圈奶油。

1.5 杯（250 克）去核的干枣

1.25 杯（310 毫升）沸水

1 茶匙小苏打

¾ 杯（165 克）红糖

60 克黄油（切碎）

2 个鸡蛋

1 杯（150 克）自发面粉

焦糖酱的制作材料

1 杯（220 克）红糖

300 毫升稀奶油

100 克黄油（切碎）

1 预热烤箱至180℃。在22厘米深的圆形蛋糕盘上涂一层油，在底部铺上烘焙纸。

2 将干枣、水和小苏打放入破壁机，盖上盖子放置5分钟。

3 加入红糖和黄油，破碎5秒钟至枣被切碎，加入鸡蛋和面粉，搅拌10秒钟至所有配料混合均匀，用橡皮刮刀将未混合的面粉刮回黄油混合物中，再次搅拌，混合均匀后倒入蛋糕盘。

4 烘烤55分钟至用筷子插入蛋糕中心，取出后没有黏稠物附着，在烤箱中放置5分钟后倒扣在盘子上冷却。

5 制作焦糖酱。将红糖和奶油放入平底锅，大火加热搅拌至糖融化，转为中火熬煮5分钟至奶油混合物浓缩，加入黄油，搅动至融化。

6 将蜜枣蛋糕切成小份，淋上焦糖酱，趁热食用。

花生纸杯蛋糕

准备时间 + 烘烤时间 =45 分钟（制作 12 份）

坚果类巧克力纸杯蛋糕上有一层美味的巧克力和花生酱糖霜，还撒上了花生碎，非常适合作为下午茶享用。注意：一定要在蛋糕完全冷却后再加糖霜。

60 克黑巧克力（切碎）
2/3 杯（160 毫升）水
90 克黄油（软化）
1 杯（220 克）红糖
2 个鸡蛋
2/3 杯（100 克）自发面粉
2 汤匙可可粉
1/3 杯（40 克）杏仁粉
250 克花生脆糖（切碎）

鲜奶油巧克力花生糖霜的制作材料
1 杯（250 毫升）稀奶油
400 克牛奶巧克力（切碎）
1 杯（280 克）花生酱

1 预热烤箱至180℃。在12孔（1/3杯，80毫升）松饼盘中装上蛋糕纸盒。

2 将巧克力和水放入平底锅，小火加热搅拌至融化。

3 将黄油、红糖和鸡蛋放入小碗，用厨师机搅拌至蓬松、颜色发白，加入过筛的面粉、可可粉和杏仁粉，搅拌均匀，加入热巧克力混合均匀，用勺子装入纸盒。

4 烘烤20分钟至用筷子插入蛋糕中心，取出后没有黏稠物附着，在烤箱中放置5分钟后面朝上放在铁丝架上冷却。

5 制作鲜奶油巧克力花生糖霜。在平底锅里熬煮奶油接近沸腾或煮至冒小泡泡，关火，泡沫消退后加入巧克力搅拌至光滑，倒入小碗中冷却，盖上盖子冷藏30分钟，用厨师机搅拌糖霜至松软。

6 用勺子将鲜奶油巧克力糖霜和花生酱交替装入带有直径1.5厘米的圆形裱花嘴的裱花袋中，形成大理石的效果（见提示）。

7 在已冷却的蛋糕上挤上糖霜，撒上花生碎。

提示

如果没有裱花袋，可以把一勺奶油巧克力糖霜和花生酱舀到蛋糕上，用勺子的背面，向上旋转。

浓巧克力蛋糕

准备时间 + 烘烤时间 =1 小时 15 分钟（制作 8 块）

浓巧克力蛋糕比普通巧克力蛋糕味道更丰富、口感更松软，是 20 世纪初最受欢迎的甜点之一，因其强烈的黑红色而得名。这款蛋糕还加了巧克力糖霜，是巧克力爱好者的福音。

180 克黄油（切碎）

1.75 杯（385 克）细白砂糖

3 个鸡蛋

1.5 杯（225 克）自发面粉

½ 杯（75 克）普通面粉

½ 茶匙小苏打

⅔ 杯（70 克）可可粉

3 茶匙速溶浓缩咖啡

½ 茶匙红色食物色素

1 杯（250 毫升）脱脂牛奶

500 克马斯卡彭奶酪

1 汤匙糖粉

1 汤匙可可粉（另用）

巧克力糖霜的制作材料

100 克黑巧克力（切碎）

100 克无盐黄油（切碎）

1 预热烤箱至180℃。在两个20厘米深的圆形蛋糕盘上涂一层油，在底部铺上烘焙纸。

2 将黄油和细白砂糖放入小碗，用厨师机搅拌至蓬松，逐个加入鸡蛋搅拌均匀，转移到大碗中。将可可粉、咖啡、食用色素和脱脂牛奶混合均匀，与过筛的面粉和小苏打一起分两次加入黄油混合物中，搅拌均匀后倒入蛋糕盘，平整表面。

3 烘烤45分钟至用筷子插入蛋糕中心，取出后没有黏稠物附着，面朝上放在铁丝架上冷却。

4 制作巧克力糖霜。在小号耐热碗中放入巧克力和黄油，放在装有沸水的平底锅中（注意水面不要超过碗沿），搅拌至光滑，在室温下冷却至黏稠的可涂抹状，冷却过程中要不时地搅动糖霜。

5 在中号碗中放入奶酪和过筛的糖粉，搅拌均匀。

6 把一块蛋糕放在盘子或蛋糕架上，涂上奶酪混合物，放上另一块蛋糕，涂上巧克力糖霜，撒上可可粉。

提示

蛋糕可以提前两天制作，在室温下密封保存，
食用前再加上奶酪和巧克力糖霜。

雷明顿蛋糕

准备时间 + 烘烤时间 =50 分钟（制作 16 块）

雷明顿蛋糕是黄油蛋糕包裹上了一层巧克力和椰蓉，在澳大利亚非常受欢迎，是澳大利亚的经典蛋糕，每年的 7 月 21 日也被指定为国家雷明顿日。

6 个鸡蛋
²⁄₃ 杯（150 克）细白砂糖
¹⁄₂ 杯（75 克）普通面粉
¹⁄₃ 杯（50 克）自发面粉
¹⁄₃ 杯（50 克）玉米淀粉
2 杯（160 克）椰蓉

巧克力糖霜的制作材料
4 杯（640 克）糖粉
¹⁄₂ 杯（50 克）可可粉
15 克黄油（融化）
1 杯（250 毫升）牛奶

1 预热烤箱至180℃。在20厘米×30厘米的矩形烤盘上涂一层油，在底部和长边铺上烘焙纸，使烘焙纸高于烤盘边缘5厘米。

2 在大碗里用厨师机搅拌鸡蛋10分钟至呈黏稠的奶油状，分两次加入细白砂糖（第一次的糖融化后再加入），在烘焙纸上过筛面粉两次，第三次过筛时均匀地撒在鸡蛋混合物上，混合均匀，倒入烤盘。

3 烘烤35分钟，放在铺有烘焙纸的铁丝架上冷却。

4 制作巧克力糖霜。在中号耐热碗中加入黄油、牛奶、过筛的糖粉和可可粉，搅拌均匀，放在装有沸水的平底锅中，搅拌至黏稠的可涂抹状。

5 将蛋糕切分成16个矩形，裹上巧克力糖霜和椰蓉，放在铁丝架上待巧克力凝固。

树莓百香果高夹层蛋糕

准备时间 + 烘烤时间 =2 小时 15 分钟（制作 12 块）

这款高夹层蛋糕适用于任何庆祝场合，层层叠叠的海绵蛋糕、百香果奶油和树莓再裹上一层糖霜，看起来十分美味。

375 克黄油（软化）
3 杯（660 克）细白砂糖
1.5 茶匙香草精
6 个鸡蛋
3 杯（450 克）普通面粉
⅓ 杯（50 克）自发面粉
1 杯（250 毫升）牛奶
600 克树莓

百香果奶油的制作材料
600 毫升浓缩奶油
2 汤匙糖粉
⅓ 杯（80 毫升）百香果酱

蛋清糖霜的制作材料
⅔ 杯（150 克）细白砂糖
1 汤匙葡萄糖浆
2 汤匙水
3 个鸡蛋的蛋清
1 汤匙细白砂糖（另用）

提示

蛋糕可以提前 1 天制作，完成配方至第 5 步，冷藏数小时或过夜，食用前 3 小时涂上蛋清糖霜。

1 预热烤箱至160℃。在两个20厘米深的圆形蛋糕盘上涂一层油，铺上烘焙纸，使烘焙纸高于蛋糕盘边缘5厘米。

2 将黄油、细白砂糖和香草精放入大碗，用厨师机搅拌至蓬松，逐个加入鸡蛋搅拌，分两次加入牛奶和过筛的面粉，混合均匀后倒入蛋糕盘。

3 烘烤1小时25分钟至用筷子插入蛋糕中心，取出后没有黏稠物附着，在烤箱中放置5分钟后倒扣在铁丝架上冷却。

4 制作百香果奶油。在小碗里用厨师机搅拌奶油至呈柔软的峰状，加入百香果酱和过筛的糖粉，搅拌均匀。

5 将已冷却的蛋糕每块横切分成两块，在一块蛋糕上涂抹⅓的百香果奶油，撒上¼的树莓，放上第二块蛋糕，重复操作，放上最后一块蛋糕。

6 制作蛋清糖霜。在平底锅中放入细白砂糖、葡萄糖浆和水，用中火加热搅拌至糖溶解，煮沸，熬煮3分钟至糖浆温度达到116℃（或将一茶匙糖浆滴入一杯冷水中，捞起后可以形成一个软球），冷却让气泡消退。在小碗里用厨师机打发蛋清至呈柔软的峰状，加入另用的细白砂糖，搅拌至溶解，在搅拌的同时趁热、缓缓地加入糖浆，高速搅拌5分钟至糖霜变浓稠、变凉。

7 将糖霜涂在蛋糕的顶部和侧面，将剩余的树莓放在蛋糕上。

烤巧克力焦糖芝士蛋糕

准备时间 + 烘烤时间 =1 小时 40 分钟（制作 16 块）

　　可以根据个人喜好用普通饼干或巧克力饼干代替白胡桃饼干，但要添加额外融化的黄油，直到面团屑成团。在芝士蛋糕上加上生奶油、冰激凌和巧克力碎，会使蛋糕更美味。

250 克白胡桃饼干（普通饼干或巧克力饼干，碎成小块）

80 克无盐黄油（融化）

⅓ 杯（80 毫升）稀奶油

100 克黑巧克力（切碎）

500 克奶油奶酪（放至室温）

⅔ 杯（150 克）细白砂糖

2 茶匙香草酱

3 个鸡蛋

⅔ 杯（160 克）酸奶油

380 克罐装焦糖或牛奶焦糖

1 在22厘米深的圆形蛋糕盘上涂一层油，铺上烘焙纸，使烘焙纸高于蛋糕盘边缘5厘米。

2 压碎饼干，加入无盐黄油，混合均匀，铺在蛋糕盘底部，冷藏30分钟。

3 在平底锅中用小火加热奶油1分钟（不要沸腾），加入黑巧克力搅拌至融化，冷却15分钟。

4 预热烤箱至160℃。将奶油奶酪、细白砂糖和香草酱放入中号碗，用厨师机搅拌至光滑（不要过度搅拌），逐个加入鸡蛋搅拌，加入酸奶油，混合均匀。

5 将一半的焦糖涂抹在饼干底座上，倒入奶油奶酪混合物，加入一勺巧克力混合物和剩余的焦糖，用竹签搅拌。

6 烘烤50分钟至蛋糕边缘变硬、中心仍可轻微晃动，将芝士蛋糕放在掩着门的烤箱中冷却，冷藏4小时或过夜，食用前在室温下放置30分钟。

提示

焦糖使用前需搅拌均匀；要用热的、擦干的刀切分芝士蛋糕，在两次切分之间要将刀口擦拭干净；芝士蛋糕可提前 1 天制作，密封冷藏保存。

无麸质巧克力蛋糕

准备时间 + 烘烤时间 =1 小时（制作 12 块）

这款无麸质巧克力蛋糕未添加面粉，蛋糕内部柔软黏稠，咖啡和榛子的加入使蛋糕的味道更加丰富，撒上可可粉，和香草奶油一起享用更美味。

175 克无盐黄油（切碎）

200 克 70% 黑巧克力（切碎）

½ 杯（50 克）可可粉（另用）

1 汤匙速溶咖啡

1 汤匙沸水

6 个鸡蛋（放至室温）

1.5 杯（330 克）细白砂糖

2 杯（200 克）榛子粉

香草奶油的制作材料

300 毫升浓缩奶油

1 茶匙香草酱

2 茶匙糖粉

1 预热烤箱至180℃。在22厘米深的圆形蛋糕烤盘上涂一层油，铺上烘焙纸。

2 将无盐黄油、70%黑巧克力和可可粉放入大号耐热碗，放在装有沸水的平底锅中（注意水面不要超过碗沿），搅拌融化至表面光滑，冷却15分钟。

3 将咖啡和沸水在小号耐热罐中混合均匀。将鸡蛋和细白砂糖放入小碗，用厨师机搅拌两分钟至呈浓稠的奶油状，加入咖啡，搅拌均匀后倒入巧克力混合物中，加入榛子粉，混合均匀，倒入蛋糕烤盘中。

4 烘烤45分钟至用筷子插入蛋糕中心，取出后没有黏稠物附着，在蛋糕烤盘中冷却30分钟。

5 制作香草奶油。将奶油、香草酱和糖粉放入中号碗，用厨师机搅拌至呈柔软的峰状。

6 撒上可可粉，与香草奶油一起享用。

蜂蜜无花果提拉米苏

准备时间 + 烘烤时间 =1 小时（制作 8 块）

经典的提拉米苏加上无花果和蜂蜜，使传统的意大利甜点味道更加丰富。该配方需要提前 1 天制作，可以根据个人喜好添加利口酒。

2 个中等大小的橘子（480 克）

4 个鸡蛋的蛋黄

½ 杯（110 克）细白砂糖

¼ 杯（90 克）蜂蜜（另用）

500 克马斯卡彭奶酪

300 毫升浓缩奶油

¼ 杯（60 毫升）榛子味利口酒

450 克（2 块）海绵蛋糕

50 克黑巧克力（切成屑状）

¼ 杯（35 克）切碎的烤榛子

6 个无花果（360 克，切成 2 瓣或 4 瓣）

1 在直径为18厘米、深8厘米的蛋糕烤盘上涂一层油，铺上3层烘焙纸，使烘焙纸高于蛋糕烤盘边缘5厘米。

2 将橘子皮剥下，磨碎，获取约两茶匙磨碎的橘子皮，果肉榨汁，可以收集½杯（125毫升）的鲜榨橙汁。

3 将蛋黄、细白砂糖、蜂蜜和橘子皮放入小碗，用厨师机搅拌5分钟至呈浓稠的奶油状，转移到中号碗中，加入马斯卡彭奶酪，搅拌均匀。在中号碗中用厨师机打发奶油至呈坚挺的雪峰状，倒入奶酪混合物，折叠搅拌。

4 在中号碗中混合橙汁和榛子味利口酒。

5 将蛋糕横切分成两半，将一半放在蛋糕烤盘中，淋上¼步骤4的混合果汁，倒上¼步骤3的奶油混合物，重复铺层，最后涂上奶油混合物，密封冷藏过夜。

6 将提拉米苏从蛋糕烤盘中取出，去掉烘焙纸。食用前撒上巧克力片和榛子，放上无花果，滴上蜂蜜。

百香果柠檬糖浆蛋糕

准备时间 + 烘烤时间 =1 小时 30 分钟（制作 8 块）

　　酸涩的水果味以及可口的甜味使这款蛋糕的口感更加丰富。淋上热腾腾的百香果糖浆，趁热食用，可以根据个人喜好搭配鲜奶油或一勺冰激凌。

$\frac{2}{3}$ 杯（160 毫升）百香果浆（果汁和果肉）

250 克黄油（软化）

1 汤匙磨碎的柠檬皮

1 杯（220 克）细白砂糖

3 个鸡蛋

$\frac{3}{4}$ 杯（180 毫升）脱脂牛奶

2 杯（300 克）自发面粉

柠檬糖浆的制作材料

$\frac{3}{4}$ 杯（165 克）细白砂糖

$\frac{1}{3}$ 杯（80 毫升）柠檬汁

$\frac{1}{4}$ 杯（60 毫升）水

分离后的百香果籽

1　预热烤箱至180℃。在24厘米深的中空蛋糕盘上涂一层油，撒上少许面粉（见提示）。

2　在中号罐中过滤分离百香果浆的果汁和籽，果汁用来做蛋糕，籽用来制作柠檬糖浆。

3　将黄油、柠檬皮和细白砂糖放入小碗，用厨师机搅拌至松软，逐个加入鸡蛋，搅拌均匀，转移至大碗，加入百香果汁和混合后的黄油和牛奶，并分次加入过筛的面粉，混合均匀后倒入烤盘。

4　烘烤1小时至用筷子插入蛋糕中心，取出后没有黏稠物附着，在烤箱中放置5分钟后转移到铁丝架上，冷却。

5　制作柠檬糖浆。将糖、柠檬汁、水和一半的百香果籽（剩下的籽扔掉或者冷冻起来备用）放入平底锅，中火加热搅拌（注意不要煮沸）至糖融化，小火熬煮5分钟（不盖盖子、不搅拌）。

6　把热糖浆倒在热的蛋糕上，趁热食用。

提示

可以用涂好油、铺上烘焙纸的、22 厘米深的圆形蛋糕盘或涂好黄油、撒了面粉的 21 厘米深的蛋糕盘代替。

派和挞

本章介绍一系列美味的烘焙食品，从精美的挞到
经典的派。这些都是冬日之夜的绝佳选择。

迷你夏威夷果、碧根果核桃派

准备时间 + 烘烤时间 =50 分钟（制作 6 个）

夏威夷果、碧根果和核桃使这些又黏又甜的挞有了嘎吱嘎吱的口感；可以作为早餐和下午茶，或者配冰激凌一起食用。

3 张奶油酥皮

⅓ 杯（50 克）夏威夷果

⅓ 杯（45 克）碧根果

⅓ 杯（35 克）核桃

2 汤匙红糖

1 汤匙普通面粉

40 克黄油（融化）

2 个鸡蛋（蛋液）

¾ 杯（180 毫升）枫糖浆（见提示）

1 在6个10厘米厚、带凹槽的蛋挞模具上涂一层油。

2 将酥皮斜切成两半，放入蛋挞模具，压实底部和侧面，修整边缘，密封冷藏30分钟。

3 预热烤箱至200℃。

4 将蛋挞模具放在托盘上，放上烘焙纸，填满干豆子或大米，烘烤10分钟。取出填充物，继续烘烤7分钟至酥皮呈浅棕色。

5 在碗里混合剩余的配料。

6 降低烤箱温度至180℃。

7 在挞皮中加入配料，烘烤20分钟至凝固，冷却。

提示

要用纯枫糖浆制作坚果派，不能用枫糖味的糖浆代替；派可以趁热搭配冰激凌享用，也可以放至室温后食用。

油桃杏仁挞

准备时间 + 烘烤时间 =1 小时 45 分钟（制作 12 块）

杏仁和柔软多汁的油桃，搭配奶香味、入口即化的挞皮，十分美味。趁热淋上蜂蜜即可食用，也可以根据个人喜好搭配冰激凌享用。

1⅓ 杯（200 克）普通面粉

125 克冷藏无盐黄油（切碎）

大约 2 汤匙冰水

450 克油桃

2 汤匙杏仁片

2 汤匙蜂蜜（加热）

法式杏仁酱的制作材料

120 克无盐黄油（软化）

½ 杯（110 克）细白砂糖

2 个鸡蛋

2 汤匙普通面粉

1 杯（120 克）杏仁粉

1 将面粉筛入大碗，用手指混合黄油和面粉，直到呈面包屑状，加入足量水，使其刚好混合均匀，在台面上撒一些面粉，将面团揉至光滑，轻轻压平后用保鲜膜包裹冷藏20分钟。

2 在22厘米的圆形凹槽蛋挞模具上涂一层油。将面团放在撒了面粉的台面上，盖上烘焙纸，擀压面团至足够大，制成酥皮铺在模具上。

3 压实模具底部和侧面，修整边缘，用叉子在底部戳孔，冷藏20分钟。

4 预热烤箱至200℃。

5 将蛋挞模具放在烤盘上，放上烘焙纸，填满干豆子或大米，烘烤15分钟，去掉填充物继续烘烤10分钟至酥皮变脆、呈浅棕色。

6 制作法式杏仁酱。将黄油和细白砂糖放入中号碗，用厨师机搅拌至松软，逐个加入鸡蛋，混合，加入过筛的面粉和杏仁粉，搅拌均匀。

7 把油桃切成两半，去核，切成楔状。用勺子将杏仁酱舀入挞皮，切口面朝上将油桃塞入杏仁酱，撒上杏仁片。

8 烘烤45分钟至呈金黄色，冷却后淋上温热的蜂蜜即可食用。

香樱桃苹果派

准备时间 + 烘烤时间 =1 小时（制作 6 个）

　　这些美味的传统秋派将为您的用餐带来温馨和怀旧的舒适感。可以选用青苹果或金冠苹果制作香樱桃苹果派，因为它们能在烘烤后保持原有形状。

800 克青苹果

¾ 杯（165 克）细白砂糖

2 汤匙水

1 茶匙混合香料

500 克冷冻樱桃

3 张冷冻的奶油酥皮（解冻）

1 个鸡蛋的蛋黄（加入 1 汤匙水轻轻搅拌）

300 毫升浓缩奶油

提示
_____

装饰创意：卷边——用叉子的尖头，把派的边缘卷起来；格子——用撒了面粉的糕点轮将酥皮切成窄条，编织在派上；折边——用手指将酥皮边缘捏在一起，形成折边。

1 预热烤箱至200℃。

2 苹果去皮，去核，切成块，放入平底锅，加入细白砂糖、水和混合香料，中火加热搅拌至糖溶化，盖上盖子煮10分钟至苹果变软。

3 放入樱桃，盖上盖子继续煮3分钟至樱桃变软但仍保持原有形状。

4 按照蛋挞模具的大小（11厘米长，容量为250毫升），从每张酥皮上切下两个圆形酥皮，用小刀在模具边缘画出轮廓（可以把剩下的酥皮留到步骤5装饰用）。用漏勺将水果从糖浆中取出，平均放入6个模具，保留糖浆。

5 把酥皮放在水果上，压边封口。在酥皮表面刷一层蛋液，在中间剪一道口子。可以根据个人喜好用剩下的酥皮做装饰。

6 把蛋挞模具放在托盘上，烘烤25分钟至呈金黄色。搭配奶油和剩下的糖浆趁热食用。

柠檬挞

准备时间 + 烘烤时间 =1 小时 30 分钟（制作 8 块）

经典的柠檬挞是一道雅致的甜点。可以撒上糖粉，用树莓点缀后享用。提前 1 天做好，风味更佳，可密封冷藏保存。

1.25 杯（185 克）普通面粉

¼ 杯（40 克）糖粉

¼ 杯（30 克）杏仁粉

125 克（4 盎司）冷藏黄油（切碎）

1 个鸡蛋的蛋黄

1 汤匙糖粉（另用）

柠檬馅的制作材料

1 汤匙磨碎的柠檬皮

½ 杯（125 毫升）柠檬汁

5 个鸡蛋

¾ 杯（165 克）细白砂糖

1 杯（250 毫升）浓缩奶油

1 将面粉、糖粉、杏仁粉和黄油混合均匀，加入蛋黄，搅拌均匀。在台面上撒一些面粉，将面团揉至光滑，用保鲜膜包裹冷藏30分钟。

2 将冷藏好的面团放在两张烘焙纸之间，擀压面团至足够大，铺在25.5厘米的圆形凹槽蛋挞模具里，压实底部和侧面，修整边缘，密封冷藏30分钟。

3 预热烤箱至200℃。

4 将蛋挞模具放在托盘上，铺上烘焙纸，填满干豆子或大米，烘烤15分钟，取出烘焙纸和填充物，继续烘烤15分钟至微微变色。降低烤箱温度至180℃。

5 制作柠檬馅。在中号碗中混合配料，搅拌均匀后放置5分钟。

6 将馅料倒入挞皮中，烘烤30分钟至馅料稍稍凝固，冷却。

7 放入冰箱冷藏至变冷，撒上过筛的糖粉即可食用。

提示

柠檬挞的制作需要 3 个中等大小的柠檬（共 420 克）。

蜜桃树莓挞

准备时间 + 烘烤时间 =40 分钟（制作 8 块）

这款新鲜水果挞是一道十分美味的甜点。如果你喜欢，可以与奶油或冰激凌一起享用。这个配方使用的是黄果肉和白果肉桃子，也可以只使用黄果肉桃子。

60 克黄油（软化）

⅓ 杯（75 克）细白砂糖

1 个鸡蛋

½ 茶匙橙花水

¾ 杯（75 克）杏仁粉

2 汤匙普通面粉

8 张妃乐酥皮（见提示）

100 克黄油（融化）

5 个中等大小的桃子（共 750 克，切片）

150 克树莓

¼ 杯（35 克）切碎的开心果

¼ 杯（90 克）蜂蜜

1 将黄油和细白砂糖放入小碗，用厨师机搅拌至呈奶油状，加入鸡蛋和橙花水，混合均匀，加入杏仁粉和面粉，搅拌均匀。

2 预热烤箱至180℃。在两个烤盘上铺上烘焙纸。

3 在一张酥皮上刷上黄油，铺上另一张酥皮，再刷上黄油，重复操作。将酥皮层纵向切成两半放在烤盘上。将步骤1的混合物涂在酥皮层上，边缘1厘米不涂抹。

4 烘烤20分钟至呈棕色、下层酥皮熟透。

5 放上桃子、树莓和开心果，淋上蜂蜜。

提示

打开酥皮包装，取出 8 张叠在一起的酥皮，盖上保鲜膜和湿毛巾，把剩下的酥皮用保鲜膜包起来，放回包装袋并冷藏。使用酥皮时一次撕一张。

法式大黄酥饼

准备时间 + 烘烤时间 =30 分钟（制作 4 块）

　　法式酥饼以酥皮为基础，配上或甜或咸的馅料，折叠起边缘，是简单轻松的烘焙。我们使用味道浓烈的大黄制作这款酥饼，可以根据个人喜好搭配奶油一起享用。

20 克黄油（融化）

275 克大黄（粗切碎）

⅓ 杯（75 克）红糖

1 茶匙磨碎的橘子皮

1 张冷冻的即食千层酥皮（解冻）

2 汤匙杏仁粉

10 克黄油（融化，另用）

2 汤匙蜂蜜

2 茶匙糖粉

浓缩奶油（可搭配食用）

1 预热烤箱至220℃。在烤盘上铺上烘焙纸。

2 将黄油、红糖和橘子皮放入中号碗，搅拌均匀。

3 从酥皮上切下一个24厘米的圆，放在烤盘上，撒上杏仁粉，铺上步骤2的大黄混合物，酥皮边缘4厘米不涂抹，将酥皮边缘折起来，刷上黄油。

4 烘烤20分钟至微微变色，趁热刷上蜂蜜，撒上糖粉即可食用。

梨、枫糖腰果挞

准备时间 + 烘烤时间 =30 分钟（制作 4 块）

淋上枫糖浆的梨，金黄的千层酥皮作为挞底层，加上酥脆的腰果和温暖的肉桂，使这款挞更加美味。可以根据个人喜好用希腊酸奶代替浓缩酸奶。

1 个大点的梨（330 克）

1 张千层酥皮

20 克黄油（融化）

¼ 杯（60 毫升）枫糖浆

¼ 杯（40 克）腰果（切成两半）

2 茶匙肉桂糖（见提示）

1 杯（280 克）浓缩酸奶（见提示）

1 预热烤箱至220℃。在大烤盘上涂一层油，铺上烘焙纸。

2 用曼陀林切片器、V型切片机或锋利的刀将未去皮的梨纵向切成薄片。

3 将酥皮纵向切成两半，放在烤盘上，放上梨片，刷上黄油和一半的枫糖浆，撒上腰果和一半肉桂糖。

4 烘烤20分钟至呈棕色。

5 在小碗中混合浓缩奶油和剩下的肉桂糖。

6 趁热淋上剩下的枫糖浆，与肉桂奶油一起食用。

提示

如果没有肉桂糖，可以用一茶匙细白砂糖和一茶匙肉桂粉代替；浓缩酸奶是一种经过过滤的酸奶奶酪，可以在超市或熟食店购买。

圣诞甜果派

准备时间 + 烘烤时间 =1 小时（制作 12 个）

如果不想从商店购买果肉，那你需要提前一个月制作。三合一的基本水果组合可以做一个普通大小的蛋糕或布丁，或蒸或煮，可供 10 个人享用。

1 杯（150 克）普通面粉
1 汤匙糖粉
75 克冷藏黄油（切碎）
1 个鸡蛋（分离蛋清和蛋黄）
大约 1 汤匙冰水
1 杯三合一水果（配方如下）或者购自商店的果肉
1 茶匙磨碎的柠檬皮
1 汤匙白（砂）糖

三合一水果的制作材料
2⅓ 杯（375 克）白葡萄干
2 杯（320 克）黑加仑
2⅓ 杯（375 克）切碎的葡萄干
1 杯（150 克）切碎的枣
⅔ 杯（120 克）切碎的去核李子
1 杯（200 克）切碎的无花果干
2 个大苹果（400 克，切碎）
¼ 杯（90 克）糖浆
2 杯（440 克）黑糖
1.5 杯（375 毫升）白兰地
2 茶匙生姜粉
1 茶匙肉豆蔻粉
1 茶匙肉桂粉

1 制作三合一水果。在大碗里混合各种配料，用保鲜膜覆盖，存放于阴凉、避光的地方一个月或更长时间，每隔2~3天搅拌一次。成品约9杯（2.5千克）。

2 在一个12孔（2汤匙/40毫升）的圆形烤盘上涂一层油。

3 将面粉、糖粉和黄油搅拌成碎屑状，加入蛋黄和足够多的水，使配料完全混合在一起。在台面上撒一些面粉，将面团揉至光滑，用保鲜膜包裹冷藏30分钟。

4 预热烤箱至200℃。

5 将⅔的面团放在两张烘焙纸之间，擀至约3毫米厚。用圆形切割器从面皮上切下12个圆（可以重新擀碎面皮），将圆形面皮压入烤盘中，保留剩下的碎面皮。

6 在中号碗中混合柠檬皮和三合一水果，在每个模具孔中加入一汤匙的量。

7 将剩下的碎面皮混合，擀至3毫米厚。用星形切割器或锋利的小刀切出12颗星星。把星星放在派上，刷上蛋清，撒上白糖。烘烤20分钟至派稍微变黄，放置5分钟后转移到铁丝架上冷却。可以根据个人喜好撒上糖粉食用。

辣味潘福提

准备时间 + 烘烤时间 =1 小时 15 分钟（制作 12 块）

潘福提是一种传统的意大利糕点，起源于托斯卡纳大区锡耶纳市。潘福提里有水果、蜂蜜、坚果和香料，有嚼劲，是非常受欢迎的节日甜点，也可以作为自制圣诞礼物。

1 个中等大小的橙子（240 克）

½ 杯（75 克）普通面粉

1 汤匙混合香料

2 茶匙豆蔻粉

1 茶匙现磨黑胡椒粉

⅓ 杯（40 克）杏仁粉

1 杯（120 克）去皮榛子（烤制）

½ 杯（50 克）核桃（切半、烤制）

½ 杯（70 克）开心果（稍微烤制）

½ 杯（125 克）切碎的糖渍杏子

½ 杯（65 克）糖渍蔓越莓

½ 杯（110 克）结晶姜

100 克白巧克力（切碎）

½ 杯（110 克）细白砂糖

½ 杯（175 克）蜂蜜

1 汤匙水

1 汤匙糖粉

1 预热烤箱至160℃。在20厘米深的蛋糕烤盘上铺上烘焙纸。

2 使用剥皮器削掉橙子皮，确保去除所有白色的果皮，将果皮切成长长的条。

3 将面粉和香料过筛至大碗，加入橙皮、杏仁粉、坚果、水果、结晶姜和巧克力，搅拌均匀。

4 将细白砂糖、蜂蜜和水放入小锅，中火加热，搅拌至糖溶解，熬煮两分钟至糖浆温度达到116℃（或把一茶匙糖浆滴入一杯冷水，搅拌后可以形成一个软球）。将糖浆加入面粉混合物中，搅拌均匀后倒入模具，平整表面。

5 烘烤45分钟至潘福提稍微脱离模具的边缘，放在模具中过夜冷却。撒上糖粉，切成楔形食用。

提示

烤制坚果可以提味，将坚果铺在烤盘上，180℃烘烤 5 分钟至坚果呈金色；可以提前两周制作，常温密封保存。

甜菜根榛子挞

准备时间 + 烘烤时间 =1 小时（制作 6 块）

　　奶油乳清干酪和甜菜根的味道混合在这款具有乡土风味的挞中，用营养丰富的红薯皮取代了传统的酥皮，是户外午餐或夜宵的完美选择，可以常温或加热食用。

2×250 克真空包装的熟甜菜根

1 汤匙新鲜百里香叶

2 汤匙红酒醋

2.5 汤匙特级初榨橄榄油

盐和现磨黑胡椒粉

700 克红薯（切碎）

1.5 杯（150 克）榛子粉

1 个鸡蛋（蛋液）

½ 杯（65 克）磨碎的格鲁耶尔奶酪

1 个大红洋葱（300 克，切成薄楔形）

40 克菠菜叶

⅓ 杯（45 克）去皮烤榛子（切碎）

乳清干酪奶油的制作材料

1.5 杯（360 克）软里科塔奶酪（见提示）

2 茶匙磨碎的柠檬皮

1 汤匙柠檬汁

2 瓣大蒜（切碎）

提示

可以用白干酪代替里科塔奶酪；红薯挞底可以提前几个小时制作。

1 预热烤箱至200℃。在一个大烤盘和小烤盘上铺上烘焙纸。

2 将甜菜根切成片状，与百里香叶、红酒醋和两汤匙橄榄油在碗中混合，用盐和黑胡椒粉调味。

3 制作挞底。将红薯煮或蒸10分钟至变软，沥干水分，在大碗中捣碎，加入榛子粉、鸡蛋和格鲁耶尔奶酪搅拌，用盐和黑胡椒粉调味。将红薯混合物铺在大烤盘上，形成一个约1厘米厚、28厘米×36厘米的矩形。

4 烘烤30分钟至边缘呈金黄色。

5 把红洋葱放在小烤盘上，淋上剩下的橄榄油。烘烤15分钟至洋葱变软、呈金黄色。

6 制作乳清干酪奶油。在大碗里混合配料，用盐和黑胡椒粉调味。

7 将乳清干酪奶油涂在挞底上，放上甜菜根、烤洋葱、菠菜叶和榛子，淋上甜菜根混合物剩下的调味汁，用盐和黑胡椒粉调味。

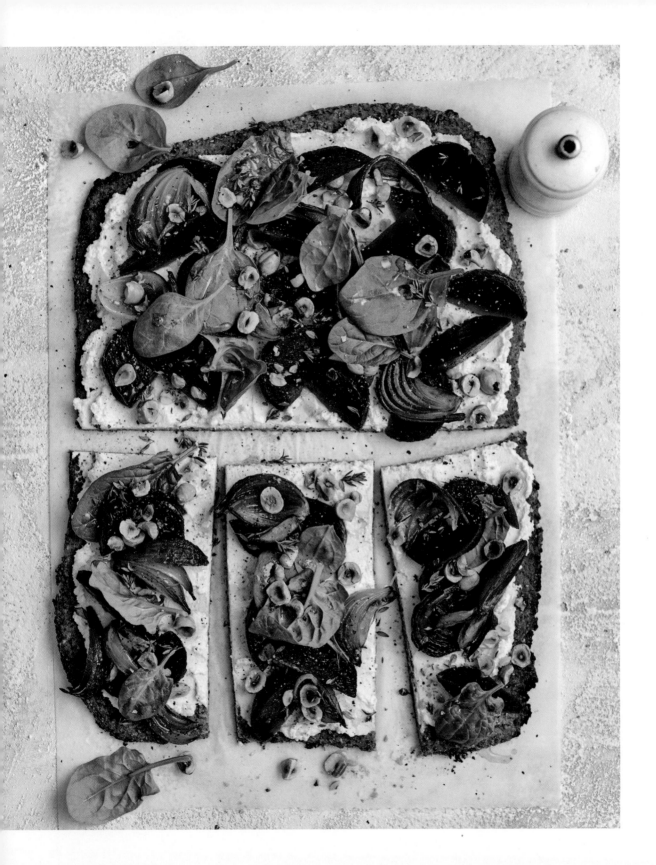

苹果布里奶酪挞

准备时间 + 烘烤时间 =45 分钟（制作 4 块）

布里奶酪和苹果是这款挞的特色搭配，可以配上苦叶沙拉作为午餐，搭配奶酪在晚餐时享用也是一个不错的选择。

2 张千层酥皮

100 克布里奶酪

2 茶匙蜂蜜

20 克黄油

2 个中等大小的青苹果（300 克，见提示）

¼ 杯（25 克）切碎的核桃

2 茶匙切碎的新鲜小葱

1 预热烤箱至220℃。在烤盘上铺上烘焙纸。

2 小心地撕下酥皮上的塑料膜，把两张千层酥皮叠在一起，在撒了面粉的烘焙纸上将酥皮擀成34厘米的正方形，切下一个直径为34厘米的圆，放在烤盘上，用叉子戳孔，盖上烘焙纸和另一个空烤盘。烘烤10分钟，取下覆盖的烤盘和烘焙纸，继续烘烤10分钟。

3 将¾（75克）的布里奶酪切成薄片，剩余的切成细丝。

4 将蜂蜜和黄油放在可微波加热的小碗中，微波炉高火加热至融化。苹果去核（不去皮），横向切成圆形薄片。

5 在制作好的挞底上依次放上布里奶酪片和苹果片，刷上蜂蜜黄油混合物，放上核桃和布里奶酪细丝。

6 烘烤15分钟，在烤盘中放置5分钟，食用前撒上小葱。

提示

可以用曼陀林切片器或 V 型切片机将苹果切成薄片；苹果切片要即时制作，避免苹果褐变。

烤蔬菜酥皮挞

准备时间 + 烘烤时间 =1 小时 10 分钟（制作 6 块）

　　烤蔬菜和羊乳酪放在酥脆的酥皮上，使挞色彩丰富、营养又美味，可以根据个人喜好撒上新鲜的罗勒叶和混合绿叶沙拉。

6 个中等大小的罗马番茄（李子形番茄，450 克，切成 4 瓣）
1 个小红洋葱（100 克，切成厚片）
2 个小的、红色灯笼椒（辣椒，300 克）
2 个小的、黄色灯笼椒（辣椒，300 克）
100 克羊乳酪（切碎）
1 汤匙切成细丝的新鲜罗勒叶
9 张妃乐酥皮
食用油喷雾

1 预热烤箱至220℃。

2 将西红柿和洋葱放入烤盘，烘烤30分钟至洋葱变软，取出冷却。

3 降低烤箱温度至200℃。

4 预热烤架。将辣椒切成4瓣，去掉种子和表面薄膜，外皮朝上放在烤架上，烘烤至辣椒表面起泡、变黑。取出辣椒，用烘焙纸覆盖5分钟后剥去外皮，切成薄片。将辣椒片、羊乳酪、罗勒叶、西红柿与洋葱放入烤盘，混合均匀。

5 将9张酥皮叠放在一个烤盘上，每隔3张喷一层食用油。将叠好的酥皮周边稍微向内折叠，形成一个18厘米×30厘米的长方形挞壳。倒入步骤4制好的蔬菜混合物，烘烤15分钟至酥皮呈金黄色。

猪肉苹果香肠卷

准备时间 + 烘烤时间 =35 分钟（制作 6 个）

在寒冷的天气里，猪肉苹果香肠卷可以作为清淡的晚餐或温暖的零食，最好趁热食用；可以根据个人喜好搭配苹果和芹菜沙拉，淋上橄榄油和柠檬汁享用。

1 个青苹果（150 克，带皮）
600 克剁碎的猪肉和小牛肉混合物
1 杯（60 克）磨碎的帕尔马干酪
1 杯（50 克）新鲜面包屑
1 汤匙第戎芥末
2 汤匙切碎的新鲜百里香
2 个鸡蛋
盐和现磨黑胡椒粉
3 张冷冻的千层酥皮（解冻）
1 茶匙新鲜的百里香叶（另用）
是拉差辣椒酱（可搭配食用）

1　预热烤箱至220℃。在大烤盘上涂一层油，铺上烘焙纸。

2　制作馅料。把带皮的苹果磨碎，挤出多余的水分。将肉末、帕尔马干酪、面包屑、磨碎的苹果、芥末、百里香叶和一个轻轻打匀的鸡蛋一起加入中号碗中，混合均匀，用盐和黑胡椒粉调味。

3　将剩下的鸡蛋打入小碗，轻轻搅拌。在台面上放一张酥皮，将⅓的馅料纵向放在酥皮的一边，间隔边缘1.5厘米。在酥皮边缘刷上蛋液，卷起来，修剪多余的部分。重复制作。把每个卷切成两半。

4　把香肠卷有缝隙的部分朝下放在烤盘上，刷上蛋液，撒上另用的百里香叶。

5　烘烤25分钟至酥皮呈金黄色、香肠卷熟透。搭配辣椒酱食用。

番茄山羊奶酪米饭挞

准备时间 + 烘烤时间 =1 小时 10 分钟（制作 4 块）

这款无麸质挞用糙米面团代替了酥皮，并使用了预先煮熟的米饭，制作简单，不需要擀面。美味的金色外壳，口感酥脆，与柔软的山羊乳清干酪奶油相得益彰。

500 克包装好的即食印度香米

⅓ 杯（50 克）瓜子

1.5 杯（120 克）磨碎的帕尔马干酪

3 个鸡蛋

1 茶匙盐片

500 克新鲜里科塔奶酪

150 克软山羊奶酪

¼ 杯（60 毫升）牛奶

1 汤匙英式芥末

1 瓣大蒜（切碎）

400 克黄色和红色小番茄（对半切分，切片）

2 汤匙小的新鲜罗勒叶

1 汤匙特级初榨橄榄油

2 茶匙香醋

现磨黑胡椒粉

1 预热烤箱至200℃。在24厘米的蛋糕烤盘上涂一层油。

2 用破壁机处理大米、瓜子和一半的帕尔马干酪，直到大米被切碎。加入一个鸡蛋和一半的盐，磨碎至颗粒状。

3 用沾了水的手将⅓的米团压在模具底部，将⅔的米团压在模具侧面，与模具顶部边缘间隔5毫米。

4 烘烤25分钟至呈金黄色、表面摸起来干燥。

5 将里科塔奶酪、软山羊奶酪、牛奶、芥末、大蒜与剩下的帕尔马干酪、鸡蛋和盐一起搅拌，直到光滑。

6 将步骤5中的混合物倒入温热的米壳。将烤箱温度降至180℃，继续烘烤30分钟至筷子插入其中心，取出后没有黏稠物附着。放置1小时。

7 食用前，放上番茄和罗勒叶，淋上油和醋。用现磨的黑胡椒粉调味。

简易芝士韭葱法式咸派

准备时间 + 烘烤时间 =1 小时 20 分钟（制作 6 块）

　　这款金色的法式咸派可以作为午餐或者清淡的晚餐，可以根据个人喜好用芦笋条代替韭葱。食用前用苦沙拉叶拌上葵花子、南瓜子、柠檬汁和橄榄油。

2 片千层酥皮

10 根韭葱（180 克）（见提示）

2 茶匙橄榄油

4 个鸡蛋

1 杯（250 毫升）稀奶油

½ 杯（40 克）磨碎的帕尔马干酪

盐和现磨黑胡椒粉

140 克软山羊奶酪（切碎）

1 预热烤箱至220℃。在21厘米×30厘米的烤盘或带凹槽的浅口方形蛋挞盒上涂一层油。

2 将酥皮重叠，按压使其贴合，放入模具，压实底部和侧面，修整多余的部分，用叉子在底部戳孔。将模具放在托盘上，在酥皮上铺上烘焙纸，填满干豆子或大米，烘烤10分钟。去掉烘焙纸和填充物，继续烘烤10分钟至酥皮变色、变脆。

3 将烤盘（烧烤架或煎锅）预热至中温。清洗并修剪韭葱，沥干水分，刷上橄榄油，在煎锅里翻炒5分钟至变软。

4 降低烤箱温度至200℃。

5 在大碗中搅拌鸡蛋、稀奶油和帕尔马干酪，用盐和黑胡椒粉调味，倒入酥皮盒，放上韭葱和一半的山羊奶酪。

6 烘烤30分钟至凝固、呈金黄色，撒上剩余的山羊奶酪。

提示

韭葱也称为扁葱，可以用大葱或小葱代替；现做现吃，风味更佳。

多种口味的法式咸派

单独的法式咸派便携方便，是工作或学校午餐的不错选择；可以搭配一把沙拉叶或蒸过的蔬菜，制成便餐，也可以在蛋液混合物中加入喜欢的配料。

蓝纹奶酪（左上）

准备时间 + 烘烤时间 =40 分钟（制作 12 块）

预热烤箱至 180℃。在 12 孔平底锅上涂一层油。用 7 厘米长的切刀从两张奶油酥皮上切出 12 个圆饼，放入模具孔洞。将 150 克切碎的蓝纹奶酪和 1 汤匙切碎的新鲜平叶欧芹均量放入模具中。在罐子里打入两个鸡蛋和 1 汤匙牛奶，用盐和黑胡椒粉调味，倒入模具。烘烤 25 分钟至凝固、酥皮微微变黄。撒上切碎的平叶欧芹。

辣椒和山羊奶酪（左下）

准备时间 + 烘烤时间 =40 分钟（制作 12 块）

预热烤箱至 180℃。将 285 克西班牙辣椒清洗并沥水，用纸巾吸干水分，切成薄片。在煎锅中用中火加热 20 克黄油，加入辣椒，1 瓣大蒜切成蒜蓉，两勺百里香，搅拌 5 分钟，冷却。在 12 孔（两汤匙 /40 毫升）平底锅上涂一层油。用 7 厘米长的切刀从两张奶油酥皮上切 12 圆饼，放入模具孔洞。用勺子把辣椒等混合物均量舀入模具。在罐子里打入两个鸡蛋和 1 汤匙牛奶，用盐和黑胡椒粉调味，倒入模具。撒上 60 克软山羊奶酪碎，烘烤 25 分钟至酥皮变黄。

火腿和玉米（右上）

准备时间 + 烘烤时间 =40 分钟（制作 12 块）

预热烤箱至 180℃。在 12 孔平底锅上涂一层油。用 7 厘米长的切刀从两张奶油酥皮上切 12 圆饼，放入模具孔洞。将 90 克切碎的腿部火腿和 125 克沥干的罐头玉米粒（甜玉米）均量放入模具中。在罐子里打入两个鸡蛋和 1 汤匙牛奶，用盐和黑胡椒粉调味，倒入模具，烘烤 25 分钟至凝固、酥皮微微变黄。在煎锅中放入两片意大利熏火腿，中火煎至酥脆，放在法式咸派上。

烟熏三文鱼和芦笋（右下）

准备时间 + 烘烤时间 40 分钟（制作 12 块）

预热烤箱到 180℃。在 12 孔平底锅上涂一层油。用 7 厘米长的切刀从两张奶油酥皮上切 12 圆饼，放入模具孔洞。将 5 个切碎的芦笋（75 克）、125 克切碎的烟熏三文鱼和两汤匙切碎的新鲜香葱均匀放入模具中。在 1 个中等大小的罐子里搅拌 3 个鸡蛋和 1 汤匙牛奶，用盐和黑胡椒粉调味，倒入模具。撒上 ¼ 杯（20 克）磨碎的帕尔马干酪，烘烤 25 分钟至凝固、酥皮微微变黄。

藜麦甘蓝挞

准备时间 + 烘烤时间 =1 小时 30 分钟（制作 6 块）

这款营养丰富素食挞的无麸质表皮是由藜麦和帕尔马干酪制成的，烤制后金黄酥脆，淋上柠檬汁和橄榄油、撒上芝麻菜叶就可以作为一顿轻食午餐。

¾ 杯（150 克）三色藜麦（洗净）

1.5 杯（120 克）磨碎的帕尔马干酪

3 个鸡蛋

½ 茶匙盐片

1 汤匙橄榄油

1 瓣大蒜（压碎）

3 杯（70 克）切碎的甘蓝

¼ 杯（60 毫升）水

1 汤匙第戎芥末

¾ 杯（180 毫升）稀奶油

盐和现磨黑胡椒粉

1 在11厘米×35厘米的矩形蛋挞模具上涂一层油。

2 在大锅中将藜麦煮沸12分钟至变软，沥干水分并冷却。用破壁机处理藜麦和一半的帕尔马干酪，直到藜麦被粉碎。加入一个鸡蛋和一半的盐，加工成一个粗面团，将面团均匀地压在蛋挞模具的底部和侧面，冷藏30分钟至变硬。

3 预热烤箱至200℃。

4 烘烤30分钟至呈金色，取出，挞壳制作完成。降低烤箱温度至180℃。

5 在煎锅中用中火加热橄榄油，加入大蒜翻炒30秒，加入甘蓝翻炒30秒，加水盖上盖子煮3分钟，关火静置1分钟，沥干水分。

6 在中号碗中将剩余的鸡蛋、剩余的奶酪、芥末和奶油搅拌均匀，加入甘蓝混合物，用盐和黑胡椒粉调味，倒入挞壳，撒上剩余的帕尔马干酪和盐。

7 烘烤30分钟至凝固。

黄油鸡肉手拿派

准备时间 + 烘烤时间 =40 分钟（制作 4 块）

　　这些金色的薄饼内含美味的黄油鸡肉；大小刚好，可以手拿食用，非常适合作为午餐或零食在旅途中与朋友分享。

20 克黄油

1 个小洋葱（80 克，切碎）

250 克鸡肉末

1 个小的胡萝卜（70 克，磨碎）

2 汤匙咖喱鸡酱

2 汤匙冷冻豌豆

盐和现磨黑胡椒粉

2 张千层酥皮

1 个鸡蛋（蛋液）

1 预热烤箱至220℃。在大烤盘上铺上烘焙纸。

2 在大煎锅中用中高火融化黄油，翻炒洋葱3分钟至变软；加入鸡肉翻炒至呈棕色；加入胡萝卜、咖喱酱和豌豆，翻炒5分钟至变稠；用盐和黑胡椒粉调味。

3 将每张酥皮平均切成4块（一共8块），在烤盘上放4块酥皮，将步骤2制好的鸡肉馅均匀地舀到酥皮中心，在边缘处刷上蛋液。

4 将剩下的酥皮轻轻对折，用厨房剪刀在折叠面中间剪3道口子，打开酥皮方块，放在鸡肉馅上，把酥皮边缘压在一起，用叉子按压边缘以密封。在顶部刷上蛋液。

5 烘烤25分钟至呈棕色。

提示

可以在小碗中混合 ½ 杯（140 克）希腊酸奶和两汤匙切碎的薄荷，搭配派一起食用。

牛肉豌豆三角饺

准备时间 + 烘烤时间 =40 分钟（制作 12 个）

这款美味的牛肉豌豆三角饺色泽金黄，适合当做零食，或者搭配新鲜的绿色沙拉制成一道轻食，可以根据个人喜好搭配番茄酱食用。

2 茶匙橄榄油

1 个小洋葱（80 克，切碎）

1 瓣大蒜（压碎）

500 克牛肉末

2 汤匙番茄酱

⅔ 杯（170 克）瓶装通心粉

½ 杯（60 克）冷冻豌豆

⅓ 杯（7 克）切碎的新鲜平叶欧芹

盐和现磨黑胡椒粉

3 片千层酥皮

1 个鸡蛋（蛋液）

2 茶匙虞美人籽

1 杯（250 毫升）番茄沙司（番茄酱）

1 预热烤箱至200℃。在两个大烤盘上铺上烘焙纸。

2 在大煎锅里用中高火加热橄榄油，翻炒洋葱和大蒜3分钟至洋葱变软。调至大火，加入牛肉，翻炒5分钟至牛肉熟透、呈棕色，加入番茄酱、通心粉和豌豆，搅拌至完全加热。关火，加入欧芹，用盐和黑胡椒粉调味，冷却10分钟。

3 将酥皮切成4块（一共12块），用勺子把步骤2制好的牛肉馅均量地舀到酥皮中心，在边缘刷上蛋液，将酥皮对角对折，包裹馅料，用叉子按压边缘以密封。

4 把三角饺放在烤盘上，刷上蛋液，撒上虞美人籽烘烤15分钟至呈棕色，搭配番茄酱食用。

提示

烘焙好的三角饺可冷冻保存 3 个月。

鸡肉韭葱派

准备时间 + 烘烤时间 =1 小时 35 分钟（制作 6 块）

奶油味的鸡肉韭葱派馅料带有淡淡的芥末味，上面是一层金黄的酥皮。这道点心是能在冬日带给人温暖，可以作为午餐或晚餐食用。

2 杯（500 毫升）鸡汤
625 克鸡胸肉片
60 克黄油
1 根大韭葱（500 克，切成薄片）
2 根芹菜（300 克，修剪并切碎）
2 汤匙普通面粉
2 茶匙新鲜的百里香叶
½ 杯（125 毫升）牛奶
1 杯（250 毫升）稀奶油
2 茶匙英式芥末
盐和现磨黑胡椒粉
1 张千层酥皮
1 个鸡蛋的蛋黄（轻轻搅拌）

1 在中号锅中用大火将鸡汤煮沸，加入鸡胸肉，煮沸后转小火，盖上盖子炖煮10分钟至鸡胸肉熟透。关火放置10分钟，取出鸡胸肉切成粗粒。保留1杯（250毫升）汤汁，其余的另用或丢弃。

2 在中号锅中加热黄油，翻炒韭葱和芹菜至韭葱变软。加入面粉和百里香，翻炒1分钟。逐渐加入牛奶、奶油和保留下的汤汁，搅拌至沸腾、浓稠。加入芥末和切碎的鸡胸肉，用盐和黑胡椒粉调味。冷却15分钟。

3 预热烤箱至200℃。在容积为6杯量（1.5升）的馅饼盘或矩形盘上刷一层油。

4 用勺子把步骤2制好的鸡胸肉混合物舀进盘子里，铺上千层酥皮，根据盘子大小修整形状，刷上蛋黄，在酥皮顶部剪开两个小口。

5 烘烤20分钟至蓬松、变黄，可以根据个人喜好撒上百里香叶。

提示

馅料可以提前 1 天制作，密封冷藏保存。

牛皮菜奶酪蜗牛

准备时间 + 烘烤时间 =1 小时（制作 4 个）

　　这些酥脆的蜗牛饼可以搭配绿色沙拉或烤蔬菜制成午餐。蜗牛似的形状可以让孩子们食欲倍增，尽情享用绿色蔬菜。现烤现吃，口感最佳。

750 克牛皮菜（瑞士甜菜，修剪并切碎）

1 汤匙特级初榨橄榄油

6 个大葱（小葱，切成薄片）

2 瓣大蒜（压碎）

1 杯（200 克）白干酪

⅓ 杯（16 克）切碎的新鲜薄荷

⅓ 杯（7 克）切碎的新鲜平叶欧芹

2 个鸡蛋的蛋黄

盐和现磨黑胡椒粉

8 张妃乐酥皮

¼ 杯（60 毫升）特级初榨橄榄油（另用）

2 茶匙芝麻

1 茶匙孜然籽

1 预热烤箱至180℃。在两个烤盘上涂一层油，铺上烘焙纸。

2 将牛皮菜放入盛有沸水的大锅中煮5分钟，捞出用冷水冲洗，沥干水分后放在大碗里。

3 在中号煎锅中用小火加热橄榄油，翻炒葱和大蒜3分钟至变软，与白干酪、薄荷、欧芹和蛋黄一起加入牛皮菜中，混合均匀，用盐和黑胡椒粉调味。

4 在酥皮上刷上橄榄油，将两张酥皮重叠。用勺子将¼步骤3制好的牛皮菜混合物舀在酥皮上，沿着长边卷起来，紧紧地卷成香肠形状，再卷成蜗牛形状，放在烤盘上。共做4个"蜗牛"。

5 在每个"蜗牛"上刷上油，撒上芝麻和孜然。烘烤35分钟至面皮酥脆、呈金色。

蒜味南瓜和羊奶干酪法式咸派

准备时间 + 烘烤时间 =1 小时（制作 6 个）

这款美味的素食派配上苦叶沙拉可以作为工作日的午餐或轻食晚餐，任何剩菜都可以用来制作第二天的午餐盒。

3 张奶油酥皮
900 克灰胡桃南瓜（冬南瓜，去皮、切碎）
3 瓣大蒜（压碎）
½ 杯（125 毫升）稀奶油
¼ 杯（6 克）切碎的新鲜鼠尾草
½ 杯（60 克）冷冻豌豆
3 个鸡蛋（蛋液）
盐和现磨黑胡椒粉
75 克羊奶干酪（切碎）
1.5 汤匙松子
½ 杯（140 克）甜菜根调味酱

1 预热烤箱至200℃。在6个10厘米×13厘米的椭圆形蛋挞盒上涂一层油。

2 将每张酥皮斜切成两半，放入蛋挞盒，压实底部和侧面，修剪边缘。

3 大火加热灰胡桃南瓜8分钟至变软，放入装有蒜蓉的大碗中，用叉子把南瓜捣碎，加入稀奶油、鼠尾草、豌豆和鸡蛋，搅拌均匀，用盐和黑胡椒粉调味。

4 把蛋挞盒放在托盘上，铺上烘焙纸，填满干豆子或大米，烘烤10分钟。取出烘焙纸和填充物，继续烘烤5分钟至微微变黄。

5 在挞皮中加入步骤3制好的南瓜混合物，撒上羊奶干酪碎和松子，烘烤25分钟至凝固、呈棕色。

6 搭配甜菜根调味酱食用。

提示

这款法式咸派可冷冻保存 3 个月，食用前放在冰箱冷藏室过夜解冻，180℃加热后食用。

春季蔬菜挞

准备时间 + 烘烤时间 = 55 分钟（制作 6 块）

　　新鲜的春季蔬菜为这款充满活力的挞带来了色彩与新鲜感，是户外午餐的不错选择。玉米淀粉的质地因品牌而异，从细到粗，各不相同。为获得最佳烘焙效果，这个配方选用细玉米淀粉。

½ 杯（85 克）玉米淀粉

1½ 杯（180 克）杏仁粉

1 汤匙孜然籽

1 茶匙海盐片

80 克冷藏黄油（切碎）

1 汤匙冰水

1 个鸡蛋的蛋清

1 个小西葫芦（90 克）

80 克芦笋

⅓ 杯（40 克）冷冻豌豆

2 汤匙小型或微型薄荷叶

芝麻酱酸奶的制作材料

1 杯（280 克）希腊酸奶

¼ 杯（70 克）芝麻酱

1 瓣大蒜（压碎）

2 茶匙柠檬汁

盐和现磨黑胡椒粉

提示

可以提前几个小时制作挞皮和芝麻酱酸奶，食用前完成步骤 8。

1 预热烤箱至200℃。在11.5厘米×35厘米的长方形蛋挞模具上涂一层油。

2 将玉米淀粉、杏仁粉、孜然和盐混合均匀，加入黄油，搅拌至碎屑状。加入冰水和蛋清，搅拌至混合物形成面团（可视情况加入更多的冰水）。用湿勺子的背面将面团压在蛋挞模具的底部和侧面，放在托盘上。

3 烘烤30分钟至变硬、呈金黄色。放置15分钟，小心地从蛋挞模具中取出挞皮（小心挞皮易碎），转移到铁丝架上冷却。

4 用蔬菜削皮器或曼陀林切片器将西葫芦削皮，将芦笋切成长长的细丝。

5 在烤盘（或者煎锅）中倒入少量油，加热后放入西葫芦，每面煎1分钟至金黄。

6 将芦笋和豌豆放在中号耐热碗中，倒入沸水，泡1分钟，捞出用流水冲洗冷却，沥水，用纸巾吸干水分。

7 制作芝麻酱酸奶。将配料放入小碗，搅拌均匀，用盐和黑胡椒粉调味。盖上盖子冷藏。

8 食用前，将芝麻酱酸奶倒入已冷却的挞皮中，撒上处理过的西葫芦、芦笋、豌豆和薄荷叶。

经典香肠卷

准备时间 + 烘烤时间 =40 分钟（制作 12 个）

虽然制作香肠卷的食谱数不胜数，但没有一个能胜过这个经典版本。有一个非常简单的方法可确保每个香肠卷的馅料是等量的：用带有两厘米裱花嘴的裱花袋沿着香肠卷的方向挤出馅料。

1 个中号洋葱（150 克，切碎）

½ 杯（35 克）陈面包屑（见提示）

500 克香肠肉末

500 克牛肉末

1 个鸡蛋

1 汤匙番茄酱

1 汤匙烧烤酱

2 汤匙切碎的新鲜平叶欧芹

6 片千层酥皮

1 个鸡蛋（蛋液，另用）

2 汤匙芝麻

1 预热烤箱至220℃。在烤盘上铺上烘焙纸。

2 制备馅料。将洋葱、面包屑、香肠肉末、牛肉末、鸡蛋、番茄酱、烤肉酱和欧芹放在大碗里，搅拌均匀。

3 将千层酥皮纵向切成两半。沿着酥皮的中心线放上等量的馅料，从宽边卷起，包裹馅料。将每个卷切成6块，缝隙面朝下放在烤盘上。刷上蛋液，撒上芝麻。

4 烘烤25分钟至蓬松、呈金黄色。可以根据个人喜好搭配番茄酱或酸辣酱食用。

提示

使用开封 2~3 天的面包制作陈面包屑。

扁豆香肠卷

准备时间 + 烘烤时间 =45 分钟（制作 8 个）

用微辣的扁豆和烤制的开心果做馅料，再裹上轻盈酥脆的酥皮，让香肠卷焕然一新。这款健康营养的香肠卷不含肉制品，是健康零食或轻食午餐的最佳选择。

2×400 克扁豆罐头（沥干，冲洗干净）

1 个小洋葱（80 克，切碎）

2 瓣大蒜（压碎）

⅓ 杯（45 克）切碎的烤制开心果

1 茶匙甜辣椒粉

1 茶匙孜然粉

¼ 茶匙肉桂粉

¼ 茶匙干辣椒片

1 个鸡蛋（蛋液）

盐和现磨黑胡椒粉

10 张妃乐酥皮

食用油喷雾

¼ 茶匙漆树粉

1 预热烤箱至200℃。在烤盘上铺上烘焙纸。

2 将扁豆放入碗中轻轻捣碎，加入除酥皮、食用油和漆树粉外的其余配料，搅拌均匀，用盐和黑胡椒粉调味。

3 在每张酥皮上喷上食用油，每5张酥皮重叠在一起。沿酥皮的长边放上步骤2制好的扁豆馅料，卷起酥皮包裹馅料。

4 将卷切成4个长度均匀的小卷，放在烤盘上，喷上食用油。共做8个小卷。

5 在小卷上撒上漆树粉，烘烤30分钟至呈金黄色。搭配144页的酱汁食用。

多种口味的扁豆香肠卷

制作 143 页的扁豆香肠卷，省略、替换和添加配料可以制作不同口味的浇汁，可以根据个人喜好选用以下任一种酱汁搭配香肠卷食用。

柠檬百里香（左上）

制作扁豆香肠卷。在小碗里混合漆树粉、两茶匙海盐片、两茶匙磨碎的柠檬皮和 1 汤匙切碎的新鲜柠檬百里香叶，烘烤前撒在香肠卷上。

酸奶芥末酱（右上）

在小碗里混合 1 杯（280 克）希腊酸奶、两茶匙英式芥末（或第戎芥末）和两汤匙切碎的新鲜莳萝叶（或薄荷叶），用盐和黑胡椒粉调味。搭配扁豆香肠卷食用。

混合香料籽（左下）

制作扁豆香肠卷，不加漆树粉。在小碗里混合两茶匙虞美人、1 茶匙葛缕子籽、1 茶匙芝麻、1 茶匙亚麻籽和 1 茶匙海盐片，烘烤前撒在香肠卷上。

番茄汁（右下）

在平底锅中加热 1 汤匙油，将 1 个中等大小（150 克）的洋葱切成细丝，倒入锅中翻炒至变软。加入 400 克番茄丁，红糖、番茄酱和醋各两汤匙，搅拌均匀，煮 20 分钟至变浓稠。搭配扁豆香肠卷食用。

咖喱羊肉派

准备时间 + 烘烤时间 =3 小时（制作 6 块）

咖喱羊肉源自波斯，是一道克什米尔菜肴。美味的咖喱羊肉是这款金色酥皮派的特色，非常适合在舒适的夜晚享用。

1 千克羊肩肉丁

⅓ 杯（50 克）普通面粉

2 汤匙植物油

2 个中等大小的洋葱（300 克，切成薄片）

½ 杯（135 克）咖喱羊肉专用酱

400 克切碎的西红柿

2 杯（500 毫升）低盐牛肉高汤

1 片千层酥皮

2 茶匙牛奶

2 茶匙孜然籽

1 将羊肉倒入面粉中，揉搓至羊肉包裹上面粉，抖掉多余未附着的面粉。在大平底锅中加热植物油，分批将羊肉炸至呈褐色，捞出。

2 用锅里剩下的油翻炒洋葱至变软。将咖喱酱倒入锅中，搅拌熬煮至香味四溢。把炸好的羊肉、西红柿和低盐牛肉高汤一起放入锅中，煮沸。盖上盖子小火炖煮1.5小时。打开盖子继续炖煮30分钟至羊肉变软，用盐和黑胡椒粉调味，冷却。

3 预热烤箱至220℃。

4 用勺子把步骤2制好的咖喱馅料舀入24厘米的馅饼盘（1.5升/6杯）。把千层酥皮放在馅料上，修整边缘，用叉子按压边缘以密封，在酥皮中间剪3道口子，刷上牛奶，撒上孜然籽，放在托盘上。

5 烘烤30分钟至呈棕色。

丰厚的牛肉蘑菇派

准备时间 + 烘烤时间 = 3 小时（制作 6 个）

在这个配方中，浓郁的肉汁中加入了鲜嫩的牛肉块和新鲜的蘑菇，味道十分鲜美。这款经典的牛肉蘑菇派非常适合在寒冷的夜晚享用，可以根据个人喜好搭配土豆泥和绿色蔬菜一起食用。

600 克牛肋排（炖牛排）

2 汤匙普通面粉

2 汤匙橄榄油

1 个小洋葱（80 克，切碎）

2 瓣大蒜（压碎）

125 克蘑菇（切片）

400 克切碎的西红柿

¾ 杯（180 毫升）牛肉高汤

2 汤匙番茄酱

2 汤匙伍斯特沙司

盐和现磨黑胡椒粉

3 张奶油酥皮

3 张千层酥皮

1 个鸡蛋（蛋液）

1 预热烤箱至160℃。

2 把牛肉切成4厘米的小块，裹上面粉，抖掉多余未附着的面粉。在大炖锅里用中高火加热一半的橄榄油，将牛肉分批煎至呈棕色。

3 中火加热剩余的橄榄油，翻炒洋葱、大蒜和蘑菇至蔬菜变软。将牛肉、西红柿、牛肉高汤、番茄酱和伍斯特沙司倒入锅中，煮沸。盖上盖子，放入烤箱，烘烤两小时至汤汁稍微变浓稠。需时刻关注汤汁量，必要时可添加牛肉高汤。用盐和黑胡椒粉调味，冷却。

4 在6个10厘米×13厘米的椭圆形蛋挞模具上涂一层油（⅔杯/160毫升）。将一个蛋挞模具底部朝上，从奶油酥皮上切出6个椭圆形，放入模具，压实底部和侧面，修剪边缘。放在烤盘上，冷藏30分钟。

5 升高烤箱温度至200℃。

6 在酥皮盒上铺上烘焙纸，填满干豆子或大米，烘烤10分钟。取出烘焙纸和填充物，继续烘烤5分钟，冷却。

7 从千层酥皮上切6个16厘米的椭圆形。将牛肉馅装入步骤6制好的酥皮盒，在边缘刷上鸡蛋，盖上椭圆形酥皮，用叉子按压边缘以密封。在顶部刷上蛋液，戳几个孔以便排气。

8 烘烤25分钟至呈浅棕色。

红薯挞

准备时间 + 烘烤时间 =1 小时 40 分钟（制作 6 块）

这道经典的法式甜点可以根据季节的变化，用红薯取代苹果，更加美味。酥皮上是黏稠的甜焦糖洋葱、红薯以及与之形成鲜明对比的辣味山羊奶酪碎。

20 克黄油

1 汤匙橄榄油

1 汤匙枫糖浆

3 瓣大蒜（切成薄片）

1 汤匙新鲜的柠檬百里香叶（稍微多点，多余的部分另用）

350 克红薯（切成 1 厘米厚的片状）

盐和现磨黑胡椒粉

1 杯（250 毫升）水

1 个鸡蛋的蛋黄

1 汤匙牛奶或水

2 张冷冻的千层酥皮（稍微解冻）

100 克软山羊奶酪

焦糖洋葱的制作材料

20 克黄油

1 汤匙橄榄油

4 个中等大小的洋葱（800 克，切成薄片）

¼ 杯（60 毫升）香醋

2 汤匙枫糖浆

1 汤匙第戎芥末

1 制作焦糖洋葱。在大的厚底煎锅里，用中火加热黄油和橄榄油，翻炒洋葱20分钟至变软、呈金黄色。加入醋、枫糖浆和芥末，小火煮20分钟至浓缩、变成焦糖，用盐和黑胡椒粉调味。

2 在30厘米的煎锅中用中火加热黄油、橄榄油和枫糖浆。加入大蒜翻炒1分钟。关火，撒上百里香叶，放上红薯片，用盐和黑胡椒粉调味。倒入一半的水，煮8分钟至水分蒸发，加入剩余的水，继续煮8分钟至红薯片呈棕色。关火，冷却5分钟。

3 用勺子的背面将焦糖洋葱均匀地放在红薯片上，冷藏至完全冷却。

4 预热烤箱至200℃。

5 混合蛋黄和牛奶。沿着对角线将每张酥皮切成两个三角形，用蛋液把4个三角形拼起来，制成一个大的正方形，放在步骤3制好的馅上，修整边缘。将酥皮的边缘折叠、压紧，并将其塞入馅料周围。在酥皮上刷一点蛋液，用叉子戳孔以便排气。

6 烘烤20分钟至呈金黄色，在锅中放置 5分钟。

7 食用前将煎锅放在中火上加热30秒，使底层混合物融化且松动，迅速将挞转移到木板或盘子上。撒上山羊奶酪碎和百里香叶。

羊肉蘑菇派

准备时间 + 烘烤时间 =50 分钟（制作 4 个）

羊肉蘑菇派制作简单，很适合作为周末晚餐的主食。多汁的羊肉包裹在金色的挞皮中，烘烤之后十分美味，可以根据个人喜好搭配豌豆泥和番茄酱（番茄沙司）一起食用。

2 张冷冻的奶油酥皮（解冻）
2 汤匙橄榄油
300 克切碎的蘑菇
500 克羊肉
1 杯（250 克）瓶装番茄罗勒意面酱
盐和现磨黑胡椒粉
1 个鸡蛋（蛋液）

1 预热烤箱至180℃。

2 把一张酥皮切成4块。在4个9.5厘米的蛋挞模具上涂一层油，放上酥皮，修整边缘。

3 在大平底锅里用中高火加热橄榄油，翻炒蘑菇5分钟至呈金黄色。放入羊肉翻炒5分钟使羊肉分散，至呈棕色。加入番茄酱搅拌，用盐和黑胡椒粉调味。冷却10分钟。

4 将步骤3制好的羊肉混合物填入酥皮，在边缘刷上蛋液。在剩下的酥皮上切4个足够大的圆饼，盖在馅料上，用叉子按压边缘以密封。在酥皮上刷上蛋液，剪几道小口子以排气。

5 烘烤25分钟至呈棕色。从蛋挞模具中小心取出派放在烤盘上，用锡箔纸松散地盖上，在烤箱底层烘烤5分钟至酥皮熟透。

面包、烤饼和卷饼

甜糯的面包、松软的烤饼、咸味的卷饼、
硬皮的糕点和金色的面包卷，
都可以让你的厨房充满
诱人的烘焙香味。

切尔西面包

准备时间 + 烘烤时间 =1 小时 30 分钟（制作 12 个）

　　切尔西面包屋是英国王室经常光顾的地方。这款美味甜腻的黄油面包就是 18 世纪由位于伦敦切尔西区的切尔西面包屋制作的。这个配方使用了烤制的碧根果和蜂蜜。

4 茶匙（14 克）干酵母

1.5 汤匙细白砂糖

1.5 杯（375 毫升）热牛奶

3 杯（560 克）普通面粉

1.5 茶匙肉桂粉

2 茶匙磨碎的橘子皮

1 个鸡蛋（蛋液）

60 克黄油（融化）

2 汤匙树莓酱

¼ 杯（55 克）红糖

½ 杯（60 克）切碎的烤制碧根果

3 茶匙热蜂蜜

1 在大碗里将干酵母、1茶匙白砂糖和热牛奶混合均匀，将碗封口在温热处放置10分钟至起泡。

2 将过筛的面粉和剩余的白砂糖加入酵母混合物中，搅拌均匀后与肉桂粉、橘子皮、鸡蛋和⅔的黄油一起放入碗中，搅拌形成柔软的面团。在撒了面粉的台面上搓揉10分钟至面团光滑、有弹性。把面团放在抹了油的大碗里，将碗封口在温热的地方放置1小时至体积翻倍。

3 在两个22厘米深的圆形蛋糕盘上涂一层油。在台面上撒一些面粉，把面团擀成23厘米×36厘米的长方形，刷上剩余的黄油，涂上树莓酱，撒上红糖和碧根果，面皮边缘留两厘米的空白。把面团从长边卷起，切成12块，切面朝上放在蛋糕盘上，每个蛋糕盘里放6块。封口，在温热的地方放置30分钟至其稍微膨胀。

4 预热烤箱至200℃。

5 烘烤40分钟至呈金黄色，将面包切口朝上放在铁丝架上冷却，刷上蜂蜜即可食用。

黑巧克力樱桃核桃苏打面包

准备时间 + 烘烤时间 =1 小时 30 分钟（制作 1 个面包，即 8 片）

这款做法超级简单的面包依靠小苏打和酸性酪乳反应产生二氧化碳来通气。由于反应迅速，所以要确保能立即烘焙。

4 杯（600 克）普通面粉

¼ 杯（55 克）细白砂糖

2 茶匙小苏打

1 茶匙海盐

1.5 茶匙豆蔻粉

100 克冷藏无盐黄油（切碎）

1.75 杯（430 毫升）脱脂牛奶

1 个鸡蛋（蛋液）

100 克黑巧克力（切碎）

¾ 杯（75 克）烤核桃（切碎）

¾ 杯（115 克）樱桃干或蔓越莓干

1 个鸡蛋的蛋清

2 汤匙细白砂糖（另用）

2 茶匙糖粉

1 预热烤箱至180℃。在烤盘上铺上烘焙纸。

2 在大碗里过筛面粉、细白砂糖、小苏打、海盐和豆蔻粉，加入黄油，用指尖揉搓混合物至呈面包屑状，在中心位置刨一个洞。

3 在中号碗里搅拌脱脂牛奶和鸡蛋，倒入洞里。用刀搅拌液体与屑状面粉混合，直到液体开始结块。加入黑巧克力、烤核桃和樱桃干（或蔓越莓干），将面团翻转到有浮粉的一面，轻轻揉搓至面团混合均匀。揉成一个16厘米的圆形，放在烤盘上。

4 用叉子在小碗中搅拌蛋清和另用的细白砂糖，混合均匀后刷在面团上。

5 烘烤1小时至面包呈金黄色、敲击时发出空心的声音。撒上糖粉，趁热或放至室温后食用。

提示

新鲜或烤过的切片面包可以搭配乳清干酪和蜂蜜食用；也可以试试其他果干和坚果的组合，如白葡萄干和碧根果。

香蕉面包

准备时间 + 烘烤时间 =1 小时 15 分钟（制作 8 片）

湿润的香蕉面包现烤现吃，口感最好，最好是切成厚片食用。如果是在烘烤的一两天后食用，可以再烘烤一下，并涂上黄油食用。

125 克黄油（软化）

1 杯（220 克）红糖

1 茶匙香草精

2 个鸡蛋

1.5 杯（400 克）香蕉泥

¼ 杯（60 毫升）枫糖浆

1.67 杯（250 克）普通面粉

1 茶匙泡打粉

1 茶匙小苏打

1 茶匙肉桂粉

¼ 茶匙盐片

½ 杯（25 克）切碎的烤核桃

1 预热烤箱至160℃。

2 在一个13厘米×26厘米、容积为8杯（两升）的面包盘上涂一层油，铺上烘焙纸。

3 将黄油、红糖和香草精放入中号碗，用厨师机搅拌至蓬松、颜色变淡。逐个加入鸡蛋，搅拌。加入香蕉泥和枫糖浆，搅拌。加入过筛的面粉、泡打粉、小苏打、肉桂粉和盐片，混合均匀。

4 加入核桃碎，用大勺子搅拌均匀后舀入面包盘，平整表面。

5 烘烤1小时至筷子插入面包中心，取出后没有黏稠物附着。在烤盘里放置10分钟后，顶部朝上放在铁丝架上冷却。

多种口味的香蕉面包

按照第161页的步骤制作普通版本的香蕉面包，并根据以下提示省略、替换和添加配料，制作你喜欢的口味。

巧克力椰子
香蕉面包（左上）

制作香蕉面包，不加入肉桂粉，用 1/2 杯（95克）黑巧克力或牛奶巧克力片代替核桃，加入 1/4 杯（10克）椰子片，搅拌均匀后舀入面包盘，平整表面。撒上两汤匙黑巧克力（牛奶巧克力片）和椰子片。其余步骤不变。

花生酱
和树莓香蕉面包（右上）

制作香蕉面包，用 1/4 杯（60毫升）植物油代替黄油，用 1/2 杯（140克）花生酱和 3/4 杯（95克）新鲜树莓代替核桃，搅拌均匀后舀入面包盘，平整表面。撒上 1 汤匙德麦拉拉蔗糖。其余步骤不变。

蜂鸟香蕉面包（左下）

将440克菠萝碎罐头沥水。制作香蕉面包，用 1/2 杯（125毫升）植物油代替黄油，在步骤3时将菠萝和香蕉一起加入，继续制作。用厨师机将125克软化的奶油奶酪和1.5杯（240克）过筛的糖粉打发至蓬松。将糖霜涂抹在冷却后的面包上，撒上肉桂粉。

奶油奶酪夹心
香蕉面包（右下）

制作馅料，用厨师机将125克软化的奶油奶酪、1/4 杯（55克）细白砂糖、1个鸡蛋、1茶匙磨碎的柠檬皮和两汤匙普通面粉搅拌至光滑。制作香蕉面包，将步骤4制好的混合物涂在面包盘上，平整表面，放上馅料，铺上剩余混合物。其余步骤不变。

菠菜和 3 种奶酪制成的松饼

准备时间 + 烘烤时间 =45 分钟（制作 12 个）

　　这款轻盈松软的素食奶酪松饼非常适合作为零食或午餐聚会上的糕点。现烤现吃，口感最佳，也可以作为午餐盒的一部分。

2 汤匙橄榄油

1 个小洋葱（80 克，切碎）

100 克菠菜叶

2 杯（300 克）自发面粉

80 克黄油（融化）

1 个鸡蛋

1 杯（250 毫升）脱脂牛奶

½ 杯（50 克）磨碎的马苏里拉奶酪

½ 杯（40 克）磨碎的帕尔玛干酪

100 克蓝纹奶酪（磨碎）

1 预热烤箱至200℃。在12孔（⅓杯/80毫升）松饼盘上涂一层油。

2 在中号平底锅中加热橄榄油，翻炒洋葱5分钟至洋葱变软。放入菠菜，翻炒1分钟至熟透。冷却。

3 将面粉过筛到大碗里，加入先混合好的黄油、鸡蛋和脱脂牛奶，加入3种奶酪和步骤2制好的菠菜混合物，轻轻搅拌使其混合（搅拌后呈块状，不要过度搅拌），用勺子将其舀入模具孔洞。

4 烘烤20分钟至用筷子插入松饼中心，取出后没有黏稠物附着。在烤盘里放置5分钟后，顶部朝上放在铁丝架上。趁热食用。

比萨卷

准备时间＋烘烤时间＝40分钟（制作9个）

这款制作简单的比萨卷冷热都可食用，是孩子午餐盒的不错选择。如果偏好素食卷，可以用切成薄片的蘑菇代替意大利辣香肠。

2 杯（300 克）自发面粉

½ 茶匙小苏打

1 茶匙盐

50 克冷藏黄油（切碎）

大约¾ 杯（180 毫升）脱脂牛奶

2 汤匙比萨酱

2 汤匙烧烤酱

½ 个小的红洋葱（50 克，切成薄片）

½ 小的青辣椒（灯笼椒，75 克，切成薄片）

100 克意大利辣香肠切片（切碎）

½ 杯（100 克）菠萝片（沥水，切碎，见提示）

⅓ 杯（55 克）沥水的卡拉玛塔橄榄

1 杯（120 克）马苏里拉奶酪

1 预热烤箱至200℃。在22厘米的方形蛋糕盘上涂一层油。

2 将面粉、小苏打和盐过筛至中号碗，加入黄油，用指尖揉搓混合物至呈面包屑状。加入足够的脱脂牛奶，搅拌至形成一个柔软有黏性的面团，在台面上撒一些面粉，轻揉面团至光滑。将面团擀成30厘米×40厘米的长方形。

3 在面团上涂上混合好的烧烤酱和比萨酱，撒上红洋葱、青辣椒、意大利辣香肠、菠萝、卡拉玛塔橄榄和一半的马苏里拉奶酪。将面团从长边紧紧卷起，用锯齿刀修整末端并将面卷切成9块，切面朝上放入蛋糕盘，撒上剩余的马苏里拉奶酪。

4 烘烤25分钟至熟透。

提示

从罐子里取出菠萝片，用纸巾吸干水分（菠萝一定要排干水分，否则会影响比萨卷的品质）。

南瓜帕尔马干酪烤饼

准备时间 + 烘烤时间 =30 分钟（制作 10 个）

为了确保美味的烤饼可以在烘烤时膨胀，我们需要用锋利的金属切割器切出面饼，将切割器向上垂直取出（而不是旋转取出）。现烤现吃，口感最佳。

60 克黄油（软化）

1 汤匙英式芥末

½ 杯（40 克）磨碎的帕尔马干酪

1 个鸡蛋的蛋黄

1 杯（250 克）煮熟、冷却并捣碎的灰胡桃南瓜（冬南瓜，见提示）

2.5 杯（355 克）自发面粉

½ 茶匙盐

¼ 茶匙小苏打

2 汤匙牛奶

1 预热烤箱至200℃。在烤盘上涂一层油，铺上烘焙纸。

2 在大碗中混合黄油、芥末、帕尔马干酪和蛋黄，加入南瓜泥搅拌。将面粉、盐和小苏打过筛至南瓜混合物上，用平刃刀混合至形成柔软的面团。

3 在台面上撒一些面粉，轻轻揉搓，将面团擀开或拍打成约两厘米厚的面饼。用涂有面粉的6厘米切割器切出烤饼形状，放在烤盘上，刷上牛奶。

4 烘烤14分钟至呈金黄色、敲击时发出空心的声音，顶部朝上转移到铁丝架上冷却。可以根据个人喜好搭配黄油一起食用。

提示

该配方需要煮300克灰胡桃南瓜（冬南瓜）；制作松软轻盈的烤饼的诀窍是不要过度混合或搅拌面团。

带籽扁面包

准备时间 + 烘烤时间 =1 小时（制作 3 个）

酥脆的扁面包可以搭配蘸酱或浇汁一起食用。亚麻籽和奇亚籽营养丰富，富含膳食纤维和 ω-3 脂肪酸，丰富了这款面包的营养价值。

¾ 杯（110 克）白斯佩尔特小麦面粉

1 茶匙泡打粉

2 汤匙亚麻籽

2 汤匙黑奇亚籽

盐和现磨黑胡椒粉

½ 杯（140 克）希腊酸奶

1 茶匙盐片

1 预热烤箱至200℃。在3个大烤盘上涂一层油。

2 将过筛面粉和泡打粉放入碗中，加入亚麻籽和黑奇亚籽搅拌均匀，用盐和黑胡椒粉调味。加入希腊酸奶，用黄油刀搅拌均匀。

3 在碗中揉搓面团。将面团分成3份，在撒了面粉的烘焙纸上将每份面团擀成12厘米×42厘米的长方形，小心地将面团放在烤盘上。

4 烘烤15分钟至金黄酥脆。撒上盐片即可食用。

多种口味的带籽扁面包

选择你最喜欢的口味组合，会使扁面包更加美味。按照第 171 页的步骤制作扁面包，尝试以下任一种配料，制成美味的午餐。

红洋葱、梨和山羊奶酪（左上）

在煎锅中用大火加热两汤匙橄榄油，加入 ¼ 杯（6 克）鼠尾草叶，翻炒 30 秒至变脆。用漏勺取出，沥干。放入两个中等大小的红洋葱（340 克）和两个梨（460 克），加入 1 瓣切成楔形的大蒜，搅拌 7 分钟至变软。用勺子舀到带籽扁面包上，撒上 100 克山羊奶酪碎和酥脆的鼠尾草。

牛油果泥和羊乳酪（左下）

将 3 个切碎的牛油果（750 克）放入碗中，加入 1 个压碎的大蒜瓣、1 个去籽切碎的长红辣椒、1 茶匙孜然粉、两汤匙酸橙汁和 ¼ 杯（8 克）切碎的新鲜香菜，用叉子搅拌均匀后铺在带籽扁面包上。可以根据个人喜好，撒上 100 克羊乳酪碎和香菜叶一起食用。

意大利熏火腿和甜瓜（右上）

趁热在带籽扁面包上撒上 150 克蒜蓉和香草味的奶油奶酪，放上 12 片（180 克）意大利熏火腿（或切片火腿）与 250 克甜瓜薄片。用黑胡椒粉调味，淋上一点特级初榨橄榄油。

番茄和马苏里拉奶酪（右下）

将 6 个小的（360 克）切片西红柿、200 克马苏里拉奶酪碎、40 克野生火箭叶和两汤匙松子放在带籽扁面包上。用盐和黑胡椒粉调味，淋上一点特级初榨橄榄油。

迷迭蒜香佛卡夏

准备时间 + 烘烤时间 =1 小时 15 分钟（制作 8 块）

　　香喷喷的佛卡夏外脆内软，充满了迷迭香和蒜香，可以搭配汤、面食或沙拉食用。可以根据个人喜好，用黑橄榄或绿橄榄代替大蒜。

15 瓣大蒜（去皮）

1 杯（250 毫升）特级初榨橄榄油

2.67 杯（400 克）普通面粉

2 茶匙海盐片

1 茶匙细白砂糖

1 茶匙（4 克）干酵母

大约 1.25 杯（310 毫升）温水

2 汤匙新鲜迷迭香

1 在小平底锅中用小火加热大蒜和橄榄油（确保大蒜完全被油覆盖），煮20分钟至变软但不黏稠。用漏勺将大蒜取出，切成两半。保留剩下的油（见提示），冷却。

2 将面粉、1茶匙海盐片、细白砂糖和干酵母放在装有面团钩搅拌器的大碗中，中速搅拌至混合均匀，加入水和两汤匙保留的油，中速搅拌15分钟至均匀。

3 将面团放入涂了油的大碗中，在面团上涂少许油，用保鲜膜封口，室温下放置3小时至体积翻倍膨胀。

4 在30厘米×40厘米的烤盘上铺上烘焙纸，刷上1汤匙保留的油，用抹了油的手将面团压在烤盘上（不要将面团拉得太长），放置10分钟后用指尖重复拉伸面团避免回缩，在温热的地方放置1小时。用指尖在面团上按出凹痕，将大蒜压入凹痕中，撒上迷迭香。

5 预热烤箱至200℃。

6 在面团上淋上两汤匙保留的油，撒上剩余的盐片。烘烤25分钟至呈金黄色、敲击时发出空心的声音。趁热食用。

提示

剩下的油可用于炒菜或烹饪肉、鱼和鸡；迷迭蒜香佛卡夏现烤现吃，口感最佳，也可冷冻保存两个月。

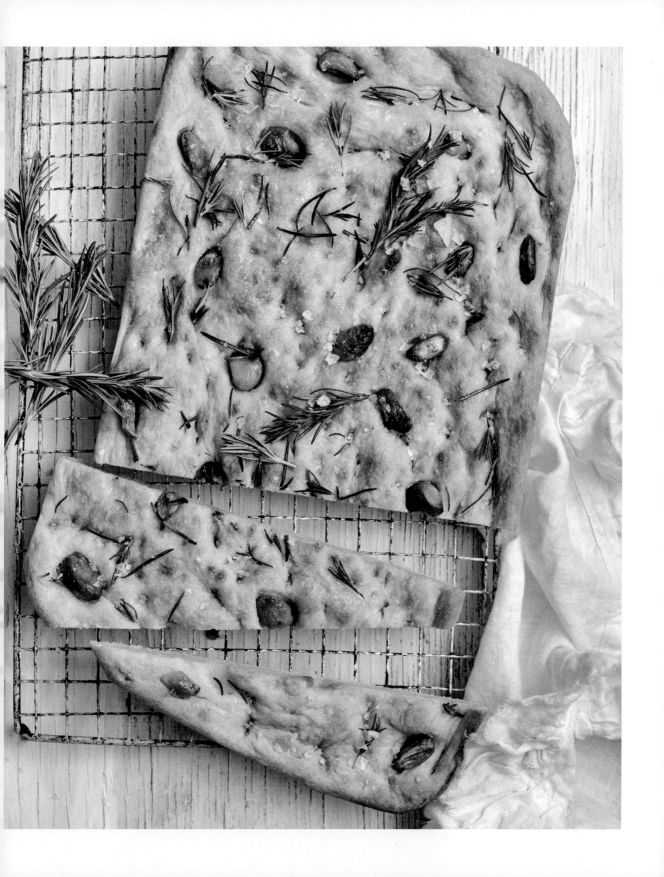

无须揉面的斯佩尔特小麦亚麻籽面包

准备时间 + 烘烤时间 =50 分钟（制作 1 个面包）

斯佩尔特是一种与小麦相似的谷物，它不含麸质，更容易被消化。普通面粉是通过去除胚芽和麸皮精制而成的，营养成分会流失，而斯佩尔特在被磨成面粉后仍具有较高的营养价值。

2 茶匙（7 克）干酵母

1.33 杯（330 毫升）温水

1.33 杯（200 克）全麦斯佩尔特面粉

⅓ 杯（60 克）亚麻籽

2 茶匙孜然籽

1 汤匙橄榄油

2 茶匙糖浆

2 茶匙海盐

2 杯（300 克）高筋面粉

1 茶匙高筋面粉（另用）

1 茶匙孜然籽（另用）

1 在大碗里混合干酵母和水，加入全麦斯佩尔特面粉、亚麻籽、孜然籽、橄榄油和糖浆，搅拌均匀。

2 加入海盐和高筋面粉，搅拌至形成黏稠的面团，用保鲜膜盖住碗口，在温热的地方放置1小时至体积增大1倍。

3 在台面上撒一些面粉，将面团擀压成一个25厘米的圆形。将面团折叠，形成一个16厘米的圆形面包，缝隙朝下放在铺有烘焙纸的烤盘上，撒上高筋面粉，用干净的湿毛巾覆盖。在温热的地方放置45分钟至体积翻倍。

4 预热烤箱至220℃。

5 用锋利的小刀或剃须刀片在面包上割5道口子，撒上另用的孜然籽。

6 烘烤30分钟至呈棕色、敲击时发出空心的声音。

提示

这款面包非常适合用来制作三明治或搭配汤食用。

西葫芦玉米面包

准备时间 + 烘烤时间 =2 小时 15 分钟（制作 12 块）

西葫芦玉米面包配方十分简单，不需要揉面或等待发酵。这款美味可口的金色面包非常适合涂上黄油或搭配奶酪享用。制作这款面包需要使用传统的玉米淀粉，而不是速食玉米淀粉。

1 个中号西葫芦（120 克）

2 杯（300 克）自发面粉

1 茶匙盐

1 杯（170 克）玉米淀粉

¾ 杯（90 克）切碎的切达干酪

1 个新鲜的长红辣椒（去籽，切碎）

420 克玉米粒罐头（甜玉米，沥水，洗净）

310 克罐装奶油玉米

½ 杯（125 毫升）脱脂牛奶

3 个鸡蛋

40 克黄油（融化）

1 预热烤箱至180℃。在14厘米×23厘米的面包盘上涂一层油，铺上烘焙纸。

2 将西葫芦磨碎放入筛网，挤出多余的水分。

3 将面粉和盐过筛至大碗，加入玉米粉、辣椒和½杯（60克）切达干酪，搅拌。加入西葫芦、玉米粒、奶油玉米、脱脂牛奶、鸡蛋和黄油，搅拌均匀后倒入烤盘，撒上剩余的切达干酪。

4 烘烤两小时（如果面包表面开始变色，就用锡箔纸盖住面包盘）。烘烤结束后，在烤盘上放置5分钟，之后顶面朝上放在铁丝架上冷却。

提示

去掉辣椒籽和辣椒膜可以降低辣椒的辣度；
辣椒籽可以保留。

啤酒面包

准备时间 + 烘烤时间 =45 分钟（制作 8 块）

　　啤酒面包搭配火腿肠、咸牛肉或大块的陈年切达干酪和泡菜，再配上几片清脆的沙拉叶，就可以制作一款美味的三明治。也可以与慢火烹制的肉类菜肴一起食用，或者放上奶酪烤制后，搭配法国洋葱汤享用。

1 茶匙（4 克）干酵母
1 汤匙麦芽膏
2¾ 杯（410 克）高筋面粉
1 杯（250 毫升）常温黑啤酒
2 茶匙海盐片
2 汤匙高筋面粉（另用）

1 将干酵母、麦芽膏和高筋面粉放入装有面团钩的厨师机的大碗，低速搅拌并逐渐加入黑啤酒，混合均匀后加入盐，搅拌至形成一个软面团。

2 将面团转移到涂过油的大碗中，用保鲜膜封口，在温热的地方放置1.5小时至体积增大1倍。

3 在烤盘上涂一层油。在台面上撒一些面粉，揉搓面团至光滑，擀压成一个10厘米×25厘米的面饼，放在烤盘上，用涂了油的保鲜膜覆盖，在温热的地方放置1小时至体积增大1倍。

4 预热烤箱至230℃。

5 在面团上撒一些面粉，用锋利的刀沿着面包中心割一条口子。

6 烘烤15分钟，降低烤箱温度至200℃，继续烘烤15分钟至呈金色、敲击时发出空心的声音。转移至铁丝架上冷却。

提示

麦芽膏是一种黏稠的深色糖浆，可以在大型超市买到；这款啤酒面包现烤现吃，口感最佳，也可冷冻保存两个月。

藜麦多籽奶酪速食面包

准备时间 + 烘烤时间 =1 小时 5 分钟（制作 12 片）

可以选择配料表中的非乳制品配料制作不含乳制品的面包。这款硬皮面包既可以与汤或炖菜一起食用，也可以搭配黄油、糖浆、浓果酱或奶油奶酪一起享用，十分美味。

¼ 杯（50 克）红藜麦

½ 杯（125 毫升）沸水

3 杯（450 克）自发面粉

2 茶匙海盐

40 克黄油或硬椰子油（切碎）

¼ 杯（50 克）烤荞麦

2 汤匙亚麻籽

2 汤匙南瓜子

¾ 杯（90 克）切碎的陈年切达干酪或大豆奶酪

½ 杯（125 毫升）牛奶或杏仁奶

大约 ¾ 杯（180 毫升）水

1 在小号耐热碗中放入红藜麦和沸水，静置20分钟，沥干水分。

2 预热烤箱至180℃。在大烤盘上撒上面粉。

3 将自发面粉和盐放在大碗里，加入黄油，用指尖揉搓混合物至呈面包屑状。加入浸泡过的藜麦、荞麦、亚麻籽、南瓜子和切达干酪，混合均匀。加入牛奶和足够的水，搅拌至形成软面团，在撒有面粉的台面上揉至光滑。

4 将面团放在撒了面粉的托盘上，擀压成16厘米的圆形，刷上一点水或牛奶。在面团的顶部切一个1厘米深的"十"字。

5 烘烤50分钟（中途翻转面包）至呈棕色、敲击时发出空心的声音。

提示

藜麦有红、白、黑3种颜色。它们的营养价值都是一样的，红藜麦的纤维结构较高，烘烤后能更好地保持原有形状。

橄榄羊乳酪卷

准备时间 + 烘烤时间 =1 小时 10 分钟（制作 8 个）

　　这些可爱的金色小面包可以为你的烘焙带来地中海、阳光般的味道，既可以搭配汤和沙拉食用，也可以作为烤肉的配菜。

2 茶匙（7 克）干酵母

2 茶匙蜂蜜

²⁄₃ 杯（160 毫升）温水

2½ 杯（375 克）高筋面粉或普通面粉

½ 杯（85 克）玉米淀粉

2 茶匙干牛至

1 茶匙细海盐

¹⁄₃ 杯（80 毫升）特级初榨橄榄油

½ 杯（125 毫升）温水（另用）

1.5 汤匙玉米淀粉（另用）

²⁄₃ 杯（80 克）去核黑橄榄（切半）

80 克羊乳酪（切碎）

1 将干酵母、蜂蜜和温水放入小碗，搅拌至酵母溶解。封口，在温热的地方放置10分钟至起泡。

2 在大碗里加入高筋面粉、玉米淀粉、牛至和细海盐，混合均匀。加入橄榄油、酵母混合物和另用的水，搅拌至形成柔软的面团。在撒了面粉的台面上搓揉10分钟至面团光滑、有弹性（或者用装有面团钩的厨师机搅拌5分钟至面团光滑、有弹性）。

3 将面团放在涂了油的大碗中，用保鲜膜盖住，在温热的地方放置1小时至体积增大1倍。

4 在大烤盘上撒上两茶匙另用的玉米淀粉，放上面团，轻轻地揉入黑橄榄和羊奶酪。将面团分成8份，捏成球状，间隔5厘米放在烤盘上，刷一点水，撒上剩余的玉米淀粉，用干净的湿毛巾盖住烤盘，在温热的地方放置30分钟至体积增大1倍。

5 预热烤箱至200℃。

6 烘烤25分钟至呈金黄色，转移到铁丝架上稍微冷却。

提示

现烤现吃口感最佳，也可冷冻保存两个月。

五香南瓜小吃面包

准备时间 + 烘烤时间 =1 小时 20 分钟（制作 8 块）

　　五香南瓜小吃面包散发着浓郁的香味和淡淡的香料味，非常适合秋日食用，也可以切成厚片状，作为零食。这款面包可密封放置 1 天左右，风味更佳。

2 杯（300 克）自发面粉

1 茶匙海盐片

1 茶匙孜然粉

1 茶匙切碎的香菜

1 茶匙姜黄粉

1 茶匙辣椒片

1 杯（250 克）煮熟并捣碎的灰胡桃南瓜（冬南瓜，见提示）

½ 杯（125 毫升）脱脂牛奶

60 克黄油（融化）

2 个鸡蛋

¼ 杯（50 克）南瓜子（切碎）

¼ 杯（20 克）磨碎的帕尔马干酪

2 茶匙新鲜的百里香叶

1 预热烤箱至180℃。在11厘米×18厘米的面包盘上涂一层油，在底部铺上烘焙纸。

2 将自发面粉、海盐片和香料（孜然粉、姜黄粉、辣椒片和香菜）放在大碗里，在中间挖一个洞，加入混合好的南瓜泥、脱脂牛奶、黄油和鸡蛋，搅拌均匀后用勺子舀入面包盘，平整表面，撒上混合好的南瓜子、帕尔马干酪和百里香叶。

3 烘烤55分钟。在面包盘中放置10分钟后顶面朝上转移到铁丝架上冷却。食用前至少冷却30分钟。

提示

该配方需要煮 400 克灰胡桃南瓜（冬南瓜）来制作南瓜泥。

换算表

关于澳大利亚计量方式的说明

- 1 个澳大利亚公制量杯的容积约为 250 毫升。
- 1 个澳大利亚公制汤匙的容积为 20 毫升。
- 1 个澳大利亚公制茶匙的容积为 5 毫升。
- 不同国家间量杯容积的差异在 2 ~ 3 茶匙的范围内，不会影响烘焙结果。
- 北美、新西兰和英国使用容积为 15 毫升的汤匙。

本书中采用的计量算法

- 用杯子或勺子测量时，物料面和读数视线应是水平的。
- 测量干性配料最准确的方法是称量。
- 在量取液体时，应使用带有公制刻度标记的透明玻璃罐或塑料罐。
- 本书中使用的鸡蛋是平均重量为 60 克的大鸡蛋。

固体计量单位

公制	英制
15 克	$\frac{1}{2}$ 盎司
30 克	1 盎司
60 克	2 盎司
90 克	3 盎司
125 克	4 盎司（$\frac{1}{4}$ 磅）
155 克	5 盎司
185 克	6 盎司
220 克	7 盎司
250 克	8 盎司（$\frac{1}{2}$ 磅）
280 克	9 盎司
315 克	10 盎司
345 克	11 盎司
375 克	12 盎司（$\frac{3}{4}$ 磅）
410 克	13 盎司
440 克	14 盎司
470 克	15 盎司
500 克	16 盎司（1 磅）
750 克	24 盎司（1$\frac{1}{2}$ 磅）
1 千克	32 盎司（2 磅）

液体计量单位

公制	英制
30 毫升	1 液量盎司
60 毫升	2 液量盎司
100 毫升	3 液量盎司
125 毫升	4 液量盎司
150 毫升	5 液量盎司
190 毫升	6 液量盎司
250 毫升	8 液量盎司
300 毫升	10 液量盎司
500 毫升	16 液量盎司
600 毫升	20 液量盎司
1000 毫升（1 升）	1$\frac{3}{4}$ 品脱

长度计量单位

公制	英制
3 毫米	$\frac{1}{8}$ 英寸
6 毫米	$\frac{1}{4}$ 英寸
1 厘米	$\frac{1}{2}$ 英寸
2 厘米	$\frac{3}{4}$ 英寸
2.5 厘米	1 英寸
5 厘米	2 英寸
6 厘米	2$\frac{1}{2}$ 英寸
8 厘米	3 英寸
10 厘米	4 英寸
13 厘米	5 英寸
15 厘米	6 英寸
18 厘米	7 英寸
20 厘米	8 英寸
22 厘米	9 英寸
25 厘米	10 英寸
28 厘米	11 英寸
30 厘米	12 英寸（1 英尺）

烤箱温度

这本书中的烤箱温度是参照传统烤箱的；如果你使用的是一个风扇式烤箱，需要把温度降低 10 ~ 20℃（℉）。

档 位	摄氏度（℃）	华氏度（℉）
超低火	120	250
低 火	150	300
中低火	160	325
中 火	180	350
中高火	200	400
高 火	220	425
超高火	240	475

致　谢

感谢索菲亚·杨（Sophia Young）、西蒙娜·阿奎琳娜（Simone Aquilina）、阿曼达·切巴特（Amanda Chebatte）、乔治亚·摩尔（Georgia Moore）和乔·雷维尔（Joe Revill）对本书编写提供的帮助，澳大利亚悉尼《澳大利亚妇女周刊》试验厨房开发、制作了本书的食谱，并拍摄了图片。

摄影：詹姆斯·莫法（James Moffatt）。

布景：奥利维亚·布莱克摩尔（Olivia Blackmore）和凯特·布朗（Kate Brown）。

厨师：丽贝卡·莱尔（Rebecca Lyall）、伊丽莎白·菲德鲁西亚（Elizabeth Fiducia）、安吉拉·德夫林（Angela Devlin）、阿玛尔·韦伯斯特（Amal Webster）、泰莎·伊门斯（Tessa Immens）、纳迪亚·方诺夫（Nadia Fonoff）、卡莉·索菲亚·泰勒（Carly Sophia Taylor）和罗斯·多布森（Ross Dobson）。

本译著由西北农林科技大学龙芳羽、农业农村部食物与营养发展研究所任广旭翻译并负责统稿，西北农林科技大学陈蕾、马晶负责校对和编辑整理。